没伞的孩子必须努力奔跑

郭艳红◎编著

辽海出版社

图书在版编目（CIP）数据

没伞的孩子，必须努力奔跑 / 郭艳红编著. -- 沈阳：辽海出版社，2019.10

ISBN 978-7-5451-5644-7

Ⅰ．①没… Ⅱ．①郭… Ⅲ．①成功心理－青年读物 Ⅳ．① B848.4-49

中国版本图书馆 CIP 数据核字（2019）第 248875 号

没伞的孩子必须努力奔跑

责任编辑：柳海松

责任校对：丁　雁

装帧设计：廖　海

开　　本：880mm×1230mm　1/32

印　　张：6

字　　数：138 千字

出版时间：2019 年 12 月第 1 版

印刷时间：2019 年 12 月第 1 次印刷

出版者：辽海出版社

印刷者：北京一鑫印务有限公司

ISBN 978-7-5451-5644-7　　　　定　价：59.80 元

目录

第一章
有梦想，就有好的未来

　　梦想是我们实现自强的指路明灯，是我们前进的动力。梦想无论怎样模糊，总是在我们心底，使我们的心境永远得不到满足，直到这些梦想成为事实。

　　梦想靠追求得以实现。有梦想的人多，实现梦想的人少，很少人有进一步的行动，就算有行动，也很少能持之以恒，最后梦想还是梦想。所以，梦想与追求永远不能分离。

梦想是人生的推动力

在十岁左右至十五六岁这一时期，是从童年向青少年发展过渡的时期，这时，幼稚和成熟、独立性和依赖性、冲动性和自觉性等正交错发展着，是一个人个性形成和产生独立思想的关键期，也是促进"文明化、社会化"的时期，这是真正意义上的成长。

此时，你开始尊重自己的意愿，并尝试着去做自己觉得该做的事。当你学会安排计划和规划方向时，当你觉得睡懒觉、看卡通动漫是浪费时间时，当你遇到困难不再用哭闹解决时……你会慢慢发现，自己长大了！

长大的最初感觉是心中萌生了美丽的梦想！这是我们心中升起的一轮金色太阳，能够一直照耀我们的人生之路。这就是生命的无限魅力！我们赞美生命的美丽，其实就是颂扬我们具有无限的梦想！

梦想是我们青少年对于美好事物的一种憧憬和渴望，虽然我们的梦想可能不切实际，但它却是我们最天真、最无邪、最美丽、最可爱的愿望。所以，我们一定要珍视自己的梦想，守护自己的梦想，并努力实现自己的梦想！

梦想并非遥不可及，梦想就在我们的身边。梦想是公平的，每一个人，无论你高贵还是卑微，贫穷还是富有，梦想都会伴随在你左右，给你支持，给你动力，给你信心。所以，让我们给梦想插上翅膀，让它带着我们遨游在灿烂的天空之中。

从古至今，是梦想把源远流长的历史文化串联成一颗颗璀璨的明珠，永远记载在人类历史的典册上；是梦想让人类拿起镰刀，拿起锄头，辛勤地耕作，日出而作，日落而归；是梦想推动了人类社会的发展，有了高楼大厦；是梦想让人类拥有了智慧；是梦想……

有一则勇于追求梦想的真实故事，发生在旧金山贫民区一个叫辛普森的小男孩身上。朋友，现在让我们看看他身上究竟发生了什么事吧。

辛普森因为营养不良又患有软骨症，6岁的时候，双腿便严重萎缩成弓形。但残缺的身体，却从未让他放弃心中的梦想，他的愿望是有一天能成为美式足球的明星球员。

从小，辛普森就是美式足球传奇人物吉姆·布朗的忠实球迷，只要吉姆所属的克里夫兰布朗斯队来到旧金山比赛，辛普森一定会跛着脚，辛苦地走到球场，为心目中的偶像加油。

由于家境贫穷，买不起门票，辛普森总是等到比赛快结束时，从工作人员打开的大门溜进去，欣赏最后几分钟的比赛。

有一次，克里夫兰布朗斯队和旧金山四九人队比赛结束后，在一家冰淇淋店里，辛普森终于有机会和心目中的偶像吉姆·布朗面对面，而那也正是他多年来最兴奋、最期待的一刻。他大方地走到这位球星的前面，大声说："布朗先生，我是您忠实的球迷！"

吉姆·布朗和气地向他说了声"谢谢"，辛普森接着又说："布朗先生，我想跟您说一件事……"

吉姆·布朗问："小朋友，请问是什么事呢？"

辛普森以一副自豪的神态说："我清清楚楚地记着您所创下的每一项纪录和每一次的攻防哦！"

吉姆·布朗开心地回应着笑容，拍拍他的头说："孩子，真不简单。"

这时，辛普森挺起胸膛，眼睛闪烁着炽烈的光芒，充满自信地说："不过，布朗先生，有一天我要打破您所创下的每一项纪录！"

听完他的话，这位体育大明星微笑着说："哇，好大的口气，孩子，你叫什么名字？"

辛普森大声地说："我的名字叫奥伦索·辛普森。"

小辛普森怀着伟大的梦想，后来他不仅打破了吉姆·布朗所创下的所有纪录，还刷新了许多新的纪录。

梦想是我们前进的动力。只有拥有梦想，我们才能清楚地规划自己的未来。梦想会给你带来无穷的力量，帮助你跨越一个又一个难关，最终实现你的愿望。

小辛普森正是在梦想的激励下，获得了自己的成功。我们也应该像他那样，坚守我们自己的梦想。

从小，我们就做着不同的梦，每一个梦想都代表着我们对未来的期盼，其中蕴藏着无限的生命活力。因为有梦想，我们的生活充满了动力；因为有梦想，我们的生活才充满希望。

人人都有梦想，也是因为梦想的寄托，从小渴望飞翔的莱特兄弟发明了飞机，希望拥有光明的爱迪生发明了电灯，这一切都在于两个字：梦想。

梦想的光辉照耀着我们，让我们认清了人生的方向，理解了人生犹如夜航的船，没有灯塔的指引，将失去航向。

亲爱的朋友，梦想究竟是什么呢?

梦想是一种强烈的需求，是深藏在人们内心最深切的渴望；它是潜意识的产物，几乎和你的直觉一样；它能激发潜意识中所有的潜能。每当想起它，我们就会兴奋不已。

人们正是有了想飞上蓝天的梦想，才有了飞机的出现；正是有了要下海的梦想，才有了潜艇的诞生。放眼望去，人类创造的所有奇迹，其实都是梦想变成现实的结果。正因为有了梦想，我们才知道我们究竟是为了什么而如此地拼搏，为了什么而如此地奋斗。在人生的旅途中，梦想陪伴在我们的身边，让我们在面临挫折时，又重拾自信，在无限的黑暗中，点燃一盏明灯，指引我们前行。

梦想，带给我们的是自信；

梦想，带给我们的是坚定；

梦想，带给我们的是未来；

……

我们要坚持"一定能实现梦想"的信念。梦想能赋予人生深刻的意义和强大的动力，而且能让我们得到幸福。为了得到幸福，我们应该为寻找梦想而奉献青春。

世上无数的成功者都见证了梦想的力量，那么青少年朋友，你还在犹豫什么，积极把握好当下吧!

成功要求人们有一个为之奋斗终生的梦想。任何一个成功者都是从梦想开始的，没有梦想的人生是没有意义的人生。没有梦想，就没有一切。

青少年朋友们，梦想是人生道路上不可或缺的，梦想是我们最宝贵的财富。给我们的梦想插上一双翅膀吧，放飞梦想，去努力，去拼搏，别让自己的人生留下遗憾，让梦想带着我们在天空中自由翔翔！

有目标，梦想就能插上翅膀

只有梦想，没有目标，梦想只能算空中楼阁。没有目标的人生是没有意义的。目标是人生航行中的灯塔，有了目标，我们也就具有了排除阻碍、勇往直前，向着成功前进的动力和勇气，也就给梦想插上了飞翔的翅膀。

只有明确的目标引导，才能使一生的奔忙不失去方向：在波浪滔天的大海中航行，假如没有灯塔的指引，就很有可能偏离航线或触礁沉没，无法到达理想的彼岸；在茂密荫翳的原始森林中穿行，假如没有指南针的指引，又不会观察日月星辰，即使你拥有强壮的身体，也很难走出森林。

同样，我们在漫漫的人生路上，假如没有一个明确的人生目标，无论你多么努力，也不会取得任何成功，最终只能是一事无成！

在现实生活中，如果我们没有奋斗目标，那么我们的人生一定是以失败为结局的；如果我们有了一个目标，那么我们的人生就会变得充满意义，什么事该做，什么事不该做，为什么要做，应该怎样做，这一切都会清晰、明朗地摆在我们的面前。

现代社会中，一个有目标的人，毫无疑问会比一个没有目标的人更有作为。可能所设定的目标不能完全实现，但成功的概率要大大高于那些没有人生目标的人。所以，确定自己的目标很重要，可以说目标决定了人生的走向。现在让我们来看一个有关自强与目标的小故事吧。

在英国伦敦，有一位名叫斯尔曼的残疾青年，他的一条腿患了慢性肌肉萎缩症，走起路来很困难，可他凭着坚强的毅力和信念，创造了一次又一次令人瞩目的壮举：

19岁时，斯尔曼登上了世界最高峰珠穆朗玛峰；21岁时，他登上了阿尔卑斯山；22岁时，他登上了乞力马扎罗山……最终，他在28岁前，登上了世界上所有著名的高山。

然而，就在他28岁这年的秋天，却在寓所里自杀了。功成名就的他，为什么会选择自杀呢？

原来，在斯尔曼11岁时，他的父母在攀登乞力马扎罗山时不幸遭遇雪崩双双遇难。父母临行前，留给了年幼的斯尔曼一份遗嘱，希望他能像父母一样，一座接一座地登上世界著名的高山。年幼的斯尔曼把父母的遗嘱作为他人生奋斗的目标。可是，当他全部实现这些目标的时候，感到了前所未有的无奈和绝望。

在自杀现场，人们看到了斯尔曼留下的痛苦遗言："这些年来，作为一个残疾人创造了那么多征服世界著名高山的壮举，那都是父母的遗嘱给了我生命的一种信念。如今，当我攀登了那些高山之后，我感到再也无事可做了……"

斯尔曼因为有了人生目标，所以虽然身有残疾，却做出了正常人几乎都无法完成的宏伟事业，征服了一座又一座的高峰。但是，一旦失去人生的目标，他感觉自己的整个人生都失去了意义，所以他选择结束了自己的生命。由此，我们可以看到目标对于我们人生的重要性。

军事家拿破仑曾经说过："一个不想做将军的士兵不是好士兵。"人的一生不能没有目标，目标对于成功，犹如空气对于生命一样重要，没有目标的人是不可能成功的。

每个人都应该有一个能够让自己信服且为之奋斗的目标，这个目标并不一定是个确定的值，而是自己设定的在将来的某个时间点要达到的成就及人生目标。

一个人看不到自己的愿望是很可怕的，有了愿望也就有了人生追求的高度，而人一旦有了追求，愿望也就不再遥远。

对现状来说，目标总是很遥远的。但是如果你懂得如何看待，它便不再遥远，而会成为你奋斗的发动机及人生导航仪。

当你明确了你的人生目标，便找到了人生的方向，也就找到了奋斗的方向。你便会明白，究竟哪些事情才是真正重要的，究竟什么样的知识才是你应该掌握的。

铁链的强度由其最脆弱的那一环决定，对于我们而言，只要审视你各项必备的生活能力，找到那些脆弱的环节，集中精力让它提高强度，你便会永远进步。

在《信息管理学》中，有一个术语叫"选择性信息加工"，就是说世界上的信息包括知识都是无止境的，因为你的精力是有限的，你没有必要浪费你的资源，你只有选择对你有用的。

对每个人来说，世界上最可怕的事莫过于自己像一只没有帆的船，不知道要去哪里，当风往东吹，便往东走；当风往西吹，便往西走，事实上永远都是在原地徘徊，丝毫没有进步。

目标给了我们生活的目的和意义。当然我们也可以没有目标地活着，但是要真正地活着，快乐地活着，我们就必须有生存的目标。正如某位名人所说的，没有目标，日子便会结束，像碎片般地消失。

对于没有目标的人来说，岁月的流逝只意味着年龄的增长，他们只能日复一日地重复自己。如果你想成为梦想中的自己，就以此作为自己生活的核心目标，让它成为点亮自己的"北斗星"。

"我要让每一个家庭的办公桌上都有一台小型电脑"，这一目标让比尔·盖茨成为世界巨富。目标可以使人产生积极性，无论你在前进的过程中遇到多大的困难，只要想到自己的目标，你都能勇往直前。

伟大人物的成功，总是与伟大的目标相连的。可以说，名人伟大人生的开端，就在他们目标形成的那一刻。青年朋友，如果你不相信，可以看看世界著名的石油大王约翰·洛克菲勒年轻时的故事。

洛克菲勒年轻时，曾有过一段无聊彷徨的岁月。有一次，他漫无目的地走出了家门，随便搭乘了一位农民的马车。坐在马车上，这位农民问他要去哪里，约翰·洛克菲勒就引用惠特曼的诗句回答说："我将去我喜欢的地方，让漫长的道路将我带到遥远的地方。"

农民很惊讶地问了一句："你竟然没有一个明确的目的地！"说完便停下了马车，将他赶了下来，并严厉地告诉他："游手好闲之徒，你应该找一份正当的职业，挣钱过日子。"

这位农民的话让洛克菲勒猛然醒悟，从此他立志干一番事业，做一个对社会有用的人。后来，经过多年奋斗，他终于凭借自己的聪明才智建立起一个庞大的石油帝国。在他晚年，他还经常以这件事来教育自己的子孙：人生不能没有明确的目标。

这个故事告诉我们：一个人只要有明确的奋斗目标，就会产生前进的动力。因为目标不仅仅是奋斗的方向，更是一种鞭策的动力。有了目标，就有了热情，就有了积极性，更有了前进的动力。

法国思想家罗曼·罗兰说过："一种理想，就是一种力。"一个非常聪明的人，一定是一个有理想、有追求、有上进心的人，一定有明确的奋斗目标，因为他知道他为什么活着。

目标是人生前进的方向，目标是人生前进的灯塔，人生没有目标就只能碌碌无为地度过一生，做事没有目标就只能与失败为伍。

我们要养成确定目标的习惯，只有这样，你才会了解自己的内心需求，明确自己的人生方向。向着目标不懈努力，方能到达成功的彼岸，方能收获成功。

人生目标是你生命中的北极星，是你事业的灯塔，是你前进的动力。因此，在生活中，你若想取得成功，就一定要学会在做每件事之前，从确定明确的目标开始，那么，你的前途将会无限光明。

让我们从现在开始，寻找和确定自己的人生目标吧！

有志向，梦想才能成真

站在成功的大门前，弱者未进先怯，妄自菲薄："我真的没有希望了。"站在成功的大门前，败者垂头丧气，牢骚满腹："命运为何如此不公平？又失败了，还有希望吗？"

可是，在绝望的时候，你有没有想过：我们怎么知道自己永远不行，我们怎么知道失败之后还是失败，失败之后就再没有了希望？

我们要在这里大声呼喊："有志者事竟成！"

朋友们，让我们来看一个有志者事竟成的故事吧：

刘杰出生4个月就患上了小儿麻痹，从此肢体不能自由活动。4岁时母亲撒手人寰，一直照顾他的哥哥由于不堪忍受病痛的折磨而跳楼自杀……一系列的不幸没有击倒刘杰，他坚信"有志者事竟成"。

在亲朋好友的鼓励下，刘杰发现自己还能做很多有益的事情。他创办了一个名为"杰立服务站"的劳务中介所，帮助下岗职工，并为残疾人提供免费服务。

几年中，刘杰帮助约2000名下岗职工找到了工作，还常年免费为残疾人服务。刘杰就像一支蜡烛，用坚韧与乐观点燃了自己的人生，同时也照亮了别人。

刘杰，一个残疾人，没有因为自己的客观原因而丧失志向，而是不断地挑战自己，成功地实现了人生的理想，这就是志向的伟大力量。一个需要克服更大困难的人都在努力拼搏，身体健康的你怎么能够自甘堕落呢？

　　我们不能丢掉自己的梦想，我们不能失去自己的志向。只有立志，才能成功。翻开中外史册，因有"志"而成功者不乏其人。

　　张海迪5岁患脊髓病，胸部以下全部瘫痪。她也曾一度轻生过。当吞服大量安眠药后，未泯的壮志唤起了她的求生欲，怎么能就这样走了！赤裸裸而来，赤裸裸而去，不在世上留下任何痕迹？她呼喊起来："我要活，我不能死，我还要为人民做事！"

　　于是，她奇迹般地活下来了。从那时起，张海迪便开始了她独特的人生。她无法上学，便在家自学完中学课程。后来，她还自学多门外语。在残酷的命运面前，张海迪没有沮丧和沉沦，她以顽强的毅力和恒心与疾病做斗争，经受了严峻的考验，对人生充满了信心。

　　1983年，张海迪开始从事文学创作，先后翻译了《海边诊所》等数十万字的英语小说。张海迪在成长中经历了多少正常人所不能体验的挫折与考验，但远胜于正常人，她身残志坚，凭借着她那不可磨灭的意志，缔造了人类的奇迹，谱写了她逆境重生的传奇故事。

　　爱迪生毕生有2000多项发明。可有谁知道幼年的爱迪生为生活所迫只读了一年书？但他有壮志，不向命运屈服，积极进取，后来成了著名的大发明家。

还有，上海一个青年职工，原本只有小学文化，但他不自卑，发奋苦读，最终成功跨入了大学殿堂。这些不都是有志者事竟成的事例吗？

人活着需要勇气，活得有意义是一种能力，有了崇高志向的他们正是具备了这种能力。"发明大王"的桂冠何以能戴到爱迪生的头上？又何以有保尔式的张海迪和不自暴自弃的上海青年？是"志"战胜了困苦，消化了自卑，击垮了死神，撑起了生命的绿伞！它也撑起了很多人的信念与决心！

但是也有一些人，他们胸无大志，有着优越的条件，但却不会利用，庸庸碌碌，终究一事无成。我们经常可以看到这样的人，他们整天叹息前途渺茫，慨叹岁月蹉跎，任由生活摆布而不思奋进，自甘堕落，这又是何苦呢？

诚然，失败挫折令人沮丧，但是却不应该自贬自亵，我们应鼓起信心，毅然凿开前进之路，绝不能将人生视为一棵草、一片叶而随意亵玩。失败是难免的，但每个失败的尽头都有一个成功。只因一次、两次的失败就放弃追求和努力，那是可怜的。

眼下，摆在我们面前的是一条充满诱惑却又极富挑战的路。我们青少年生逢其时，该以怎样的姿态迎流而上呢？

那就是练就凌云壮志，不胆怯，不退缩，不怕失败，用自己的双手创造明天。

人生完全可以自我设计

生命对于我们每个人来说只有一次，珍贵而短暂。身处象牙塔的我们，面对学校生活，面对未来的职业生涯，我们憧憬，我们遐想，我们充满激情。

然而，更多的时候，我们迷茫，我们好高骛远，我们漫无目的，为自己的迫不及待或无所事事感到郁闷。所有的一切，都需要一个明确的目标和可行的计划来支持。

在规范化的社会中，人生其实完全可以自我设计，而且这些应该从我们的童年就开始。有了科学理性的人生规划，我们可以完全不凭借机遇、不依靠伯乐，可预见性地获得理想中的成功。

从前，有两座寺庙，在相邻的两座山上，两座寺庙里面分别住着一个小和尚，两山之间有一条清澈的小溪，两个和尚每天都会下山挑水，久而久之，两个人便成了朋友。

不知过了多长时间，一座山的和尚不再下山挑水了，于是另一座山的和尚心里想：我的朋友可能生病了，我要去看看他。

于是，他来到了对面的那座山上，却看见他的老朋友正在庙里悠闲地散步。他好奇地问："怎么不见你下山去挑水了？"

这个和尚笑而不答，带着他的朋友来到了一口井前，笑着说："我过去几年中做完功课，都会抽空来挖井，现在终于挖成了，不用再下山挑水了，因为我想在我年迈无法下山时，我还能喝到水。"

由此可见计划的重要性。挖井的和尚正是因为有计划、有目标，所以才能实现不用下山挑水的梦想。而另外那个和尚，根本没有计划挖井，所以只能下山挑水了！这就是有计划与没有计划的差别所在。

在生活工作中，我们不但要埋头苦干，还要好好地想一下。不同的想法，就会产生不同的结果。做一个有思想、有规划的人，生活的画卷在不断地展开中，就一定会峰回路转，"柳暗花明又一村"的。

事实上，做事有计划对于一个人来说，不仅是一种做事的习惯，更重要的是反映了他的做事态度，是能否取得成就的重要因素。对于青少年来说，如果做事一直没有计划，将影响到其未来踏入社会之后的发展。

人们似乎总是在忙碌着，每时每刻。但有的时候，我们虽在忙碌效率却很低。大多数情况下其实是心里忙乱，做着这件事情，想着其他事情，总觉得有好多事情要做。每件事都想做，每件事都无法认真做好，因为无法安心做好每一件事。

那么，与其做不好每一件事情，还不如静下心来，认真去做一件事。做每件事之前先好好规划：要知道先做什么，后做什么。这是一个良好的习惯，并且也是一种考虑问题的逻辑和方法。当你遇事时，一定要保持清醒的头脑，一定不能自乱阵脚。

俗话说，"一日之计在于晨"，每日早上，我们青少年先不要忙于学习，想一想，今天需要做什么，昨天还有哪些事情没完成，形成今天的计划，按计划有条不紊地做好每一件事情，分清轻重缓急，哪些先做，哪些可以缓一缓，这样就不至于忙乱，甚至还有时间活动一下。

具体来说，我们应该注意以下几个方面：

一是我们在做任何事情之前，都要考虑清楚，养成事前先分析的习惯。

二是我们无论做什么事情，都要谨记"有序"的原则，自己先在心里面想好第一步要做什么、第二步要做什么，以此类推。

三是我们要牢记两个公式：计划 ≠ 方案；希望 ≈ 计划。如果做每件事情前都先想一套方案，那么做任何事情成功的概率都不会低。

不要被虚假梦想迷惑

幻想不等于梦想，幻想是虚假的梦想，是虚无缥缈的东西，会让人们浪费了时间和精力却一无所获。真正的梦想是在现实的土地上播的种，只要辛勤浇灌就可以开花结果。一个梦想者会为了自己的目标而努力拼搏，而一个幻想家却只会在自己的空中楼阁中蹉跎岁月。

青少年时期是人生最美的年龄段，我们对自己的未来充满期待，对人生抱有各种各样的幻想。每个人都有梦想，幻想着美好的未来。但是，有些人也存在着某些不切实际的幻想，这对自身的成长是非常不利的。

空中楼阁虽然美丽，但却永远不能成为现实。在人生重要的阶段，我们必须坚定目标，沿着自己的路一步一步地前进，直至最终获得成功。所以，务必抛弃那些不切实际的幻想，努力进取，向着心中的目标奋勇前行。

陆伟家境贫寒，小学没毕业就出外打工了。2008年，还不满18岁的陆伟来到天津，在塘沽开发区一家电子厂当保安。这份保安工作，每月的工资是1800元，对陆伟来说不算少。

可一段时间后，陆伟便有些不满足了："我单位的同事很多都是天津人，因为岗位不同，他们的待遇都比我好，而且有五险一金，比我稳定。他们花钱很大方，经常三五个人下馆子，不像我，每天都为块儿八毛的菜钱算计半天。他们平时谈论的都是哪家饭馆的菜好吃，哪个楼盘的地段、环境好，或是最近又到什么地方去旅游了。这些事情我连想都不敢想，只有在心里偷偷羡慕的份儿。"

陆伟说，开始时他每月除了给父母寄赡养费和自己的生活费，还能有些盈余，可慢慢地开销越来越大，手头总是很紧，于是琢磨着换一份工作。

2009年8月，陆伟在老乡的劝说下误入歧途。听了传销组织编织的"宏伟蓝图"后，他一心想着通过做传销挣大钱。他破天荒地以自己要养猪为由，让家人帮忙借了9000元钱，买了三套"凯仕迪"，之后他"踏实肯干""认真勤劳"，在一年多的时间里竟发展了100名由同学、老乡、亲友所组成的下线队伍。

然而，幻想终究没有成为现实，2010年5月，陆伟与他所在的传销组织一起被警方抓获，他不切实际的"发财梦"破灭了。

通过正当手段，实现财富梦想，这并非不可能。但是，陆伟的"发财梦"只能算是一种幻想，是完全不切实际的。因此，最终只能误入歧途，害人害己。所以，我们一定要告别虚假的幻想。

仰望星空，灿烂美丽，而走近一看，则尘埃遍地。幻想不是梦想，更不是现实，我们千万不要被自己的幻想迷惑了双眼。

生活是可以想象的，但一定要与现实结合起来，我们不能光生活在美丽的幻想中，而应该生活在现实的真实之中，青少年朋友，让我们擦亮自己的心灵之窗吧！

从最近的目标做起

我们在明确人生的目标之后，还要懂得将它分解。这样就不会因为总目标太遥远而沮丧，而只是想着离你现在最近的那个目标，就像游戏过关一样，一关一关地过了，随着时间的推移，我们的人生目标也就水到渠成。这就是循序渐进的道理。

朋友，要知道罗马不是一日建成的，人也不可能一口吃成一个胖子。做什么事情，都只能从最近的目标开始，如果眼睛只盯着最远的目标，而从不迈脚的话，只能原地踏步，或者因为绝望而放弃。

亲爱的朋友，我们来看一个智慧的小故事吧。

　　一位青年满心烦恼地去找一位智者。他大学毕业后，曾豪情万丈地为自己树立了许多目标，可是几年下来，依然一事无成。他找到智者时，智者正在河边小屋里读书。

　　智者微笑着听完青年的倾诉，对他说："来，你先帮我烧壶开水！"

　　年轻人看见墙角放着一把极大的水壶，旁边是一个小火灶，可是没发现柴火，于是便出去找。他在外面拾了一些枯枝回来，然后装满一壶水，放在灶台上，在灶内放了些柴火便烧了起来。

　　可是由于壶太大，那捆柴火烧尽了，水也没开。于是他跑出去继续找柴火，等找到了足够的柴火回来，那壶水已凉得差不多了。这回他学聪明了，没有急于点火，而是再次出去找了些柴火。由于柴火准备得足，水不一会儿就烧开了。

　　智者忽然问他："如果没有足够的柴火，你该怎样把水烧开？"

　　年轻人想了一会儿，摇摇头。

　　智者说："如果那样，就把壶里的水倒掉一些！"

　　年轻人若有所思地点了点头。智者接着说："你从一开始踌躇满志，树立了太多的目标，就像这个大壶装的水太多一样，而你又没有足够多的柴火，所以不能把水烧开。要想把水烧开，你或者倒出一些水，或者先去准备柴火！"

年轻人顿时大悟。回去后，他把计划中所列的目标画掉了许多，只留下最近的几个，同时利用业余时间学习各种专业知识，几年后，他的目标基本上都实现了。

只有删繁就简，从最近的目标开始做起，才会一步步地走向成功。万事挂怀，只会半途而废。另外，我们只有不断地捡拾那些"柴火"，才能使人生逐渐加温，最终才会让生命沸腾！这就是成功的伟大智慧！

确实，要达到目标，就要像上楼梯一样，一步一个阶梯，把大目标分解为多个易于达到的小目标，脚踏实地地向前迈进。每前进一步，达到一个小目标，就会体验到"成功的喜悦"，这种"感觉"将推动我们充分调动自己的潜能去达到下一个目标。

在生活中，之所以很多人做事会半途而废，往往不是因为难度较大，而是觉得距离成功太遥远。他们不是因失败而放弃，而是因心中无明确、具体的目标乃至倦怠而失败。如果我们懂得分解自己的目标，一步一个脚印地向前走，也许成功就在眼前。

现在我们就开始起步，向着我们最近的那个目标迈进吧！

向美好的明天前进

昨天已成了历史，无论是挫折，还是辉煌，都只能代表过去，既不能代表今天，也不能代表明天，历史终归是历史。没有永恒的胜利，也没有永久的失败，胜利与失败在特定的条件下是可以相互转化的。

我们不必为昨天的挫折和失败而颓废气馁、萎靡不振，也不必为昨天的胜利和辉煌而沾沾自喜、骄傲自满。只需把昨天的挫折与辉煌，细细品味，好好总结。

我们要找出挫败的原因，吸取教训。我们抛开挫败带来的负面影响，发挥辉煌赋予的成功经验。只有把昨天的成功经验，当作攀登明天的云梯，做好继续攀登的思想准备，才能有更加美好的明天。

有一位老师上课的时候叫学生在第二天带一个大口袋，并让他们去蔬菜店买一袋马铃薯。学生们都觉得挺奇怪，但都照老师的话做了。

回到课堂上，老师说："你们可以拿一个马铃薯，在上面写上你不可原谅的人的名字，写好后把它放进袋子里，不管走到哪里和做什么都得带在身边。"

大家觉得很好玩，就都拿马铃薯写上了不可原谅的人的名字。小明不一会儿就拿了5个马铃薯，写上了5个他不能原谅的人的名字。这样过了一周，大家每时每刻都要背着大口袋，不管去哪里都带着。

第二周周一回到学校，小明的袋子里已经有了50个马铃薯了，他感觉好沉，带着也很累。上课时老师问："你们是不是觉得背着这个袋子很累呀？"

"是啊，非常累！"

"那我们应该怎么做呢？"老师接着问。大家没有回答。

　　"我们是不是把它放下就好了？"

　　"是啊！"同学们高兴地回答。

　　昨天的已经成为事实，成为过去，如果我们沉溺于昨天的记忆中不能自拔，只能是自讨苦吃！就像故事中背负的土豆，越来越重，最终成为我们人生的包袱。

　　我们要学会放弃这些包袱，让自己轻装上阵，开始今天的新生活。今天是昨天与明天的接力过程，是昨天失败与挫折的终结；是走向胜利和更加辉煌的新起点，是从辉煌奔向更加辉煌的转折点。

　　朋友，我们已经步入了今天，那就不要再过多地怀念昨天，尽快从昨天失败的阴影中走出来，在哪里跌倒就在哪里爬起，打起精神尽快赶上去，过去的就让它过去，不要在跌倒的地方徘徊！

　　一切从零开始，脚踏实地、满怀信心地立足于今天，才会结出丰硕的果实，得到满意的回报。今天的事今天办，绝不能拖延到明天。

　　"明日复明日，明日何其多，我生待明日，万事成蹉跎。"古训我们万万不可忘，明日的明日便是人生的尽头，今天把握不好，明天就是水中之月、镜中之花，可望而不可即。

　　我们要立足现在，不能把今天的事情拖到明天做，但是我们却不能不展望未来，不能不拥抱明天。

　　明天的日子还有多长？是失败还是辉煌，谁也说不清。人非圣贤，谁也没有未卜先知之明。我们的明天，既充满了机遇，又面临着挑战。在机遇和挑战面前必须保持清醒的头脑、超人的毅力和坚定的信念。

只有及时地抓住机遇，勇敢地接受挑战，才能在这瞬间万变的时代浪潮里，打拼出一片属于自己的新天地，开拓一个美好的明天。

没有最好，只有更好。不要求完美，只要求完善。不主张尽力，只主张努力。只要我们努力去做好每一件事，成功就离我们不远了！青少年朋友，美好的明天属于我们，只要我们勇于开拓、勤勉向上、奋斗不息。

经过昨天的总结，立足今天的局面，才能开拓明天的美好！只有细细地品味过去，放下思想包袱，坚持不懈地努力，立足今天，把好机遇，重新开始，大胆阔步，勇于创新，才能打开新的局面，开拓美好的未来，享受成功的喜悦。

今天是昨天挫败和辉煌的结晶，明天是今天艰苦奋斗的结果。青少年朋友，请放下昨天，立足今天，勇敢地去开拓明天吧！只要努力，相信我们的明天会更加美好！

给自己一片阳光吧！你的成功只在你未来的旅程之中，前方的风景才是最美丽的，放下自己肩上的包袱，轻装上阵，用一个崭新的自我去走人生征程，为自己踩出一条幸福的人生道路。每天给自己一片阳光，把过去和昨天遗忘，用绿茶般的心境潇洒去走自己的人生路。

人生本来就是一个不断重新开始的过程，新的开始，也就是新的希望，一个灿烂的新天地。今天既是一个结束又是一个开始，昨天成也好败也好，都可以重新开始，重新开始我们的人生。

道路坎坷曲折，有成功，有失败；有欢笑，有痛苦；有暴风骤雨的摧残，有艳阳高照的沐浴；埋藏你的过去，让你的明天更精彩，阳光更灿烂。

只有行动梦想才能实现

有些人满脑子都是各种理想和梦想，一说起来就天花乱坠，心潮澎湃，但是几乎最后都成了幻想，从来没有变成现实。原因何在呢？因为我们都没有付诸行动，怎么可能实现。

如果我们只是一味地空想，梦想就只能是遥不可及的梦想。如果总是在想：明天再做吧，那么很有可能就会推到明天的明天。因为"明日复明日，明日何其多"。

很多时候"没时间"只不过是一种借口，关键还是要看你是否愿意为之付诸行动，要知道行动远比等待有意义，坐着不动永远不会有机会。

海伦是一个可爱的小姑娘，可是她有一个坏习惯，那就是她每做一件事情，都要花费大量的时间来抉择与准备，而不是马上行动，所以总是后悔不已。

一天，邻居告诉她史密斯家的牧场里有很好的草莓可以自由采摘，他愿意以每千克15美元的价格收购。海伦听到这个消息后，高兴坏了，谢过邻居，马上回家准备。

到了家里，她不是立刻找出篮子准备出门，而是在家里埋头计算摘5千克草莓可以挣多少钱。她拿出一支笔和一块小木板，认真地计算起来，结果是75美元。

"要是能摘10千克呢？"她满怀希望地想着，"那我又能赚多少呢？"

她得出答案，"我能得到150美元呢。我可以买回那条我向往已久的项链了，它就挂在镇上贝迪的服饰店里。"

海伦接着算下去，"要是我摘了50、100、200千克……"她将一早上的时间都浪费在计算这些毫无意义的数字上，转眼已经到了吃午饭的时间，她只得下午再去摘草莓了。

海伦吃过午饭后，急急忙忙地拿起篮子向牧场赶去，到那里时，发现大家早就把好的草莓都摘光了，只剩下一些还没有成熟的草莓。可怜的小海伦最终只摘到了一篮子小草莓，自然一切幻想都泡汤了。

如果你有一个梦想，或者决定做一件事，就应该立刻行动起来。要知道，100次心动不如一次行动，一个实干者胜过100个空想家。小海伦因为不知道这个道理，所以，一切计划都成了幻想。这正是我们每个人都需要吸取的教训。

不管周围的环境是怎样的，只要心中还有信念，就要排除一切去做自己想做的，哪怕每天只是向梦想迈出一小步。当然，梦想不在于这么一小步，但梦想却又离不开这么一小步，它所代表的是你为梦想所付出的行动，有行动就有希望。

在这个世界上，有很多人的一生都浪费在了无谓的等待和空想上，因此从来没有体验过接近梦想的那种兴奋和愉悦。虽然他们的心中一直都有梦想，但却从未对梦想做些什么，空有一腔的热情又有什么用呢？

"行成于思，行胜于言"，这句话已经成为大多数人的行事准则。的确，理想是成功的蓝图，行动是成功的基石。如今的青少年早已具备很好的学习条件，为了实现理想就必须有所行动。

千万次的空想都不如一次脚踏实地的行动来得实际。不怕想不到就怕做不到，心动不如行动，做了也许会有收获或者是失败，但什么都不做一定是一无所获。

人们常说，好的开始是成功的一半。而事实上，只要开始行动，就算获得了一半的成功。著名作家冰心在《繁星·春水》中写道："言论的花儿，开得愈大；行为的果子，结得愈小。"因此，人不能只生活在浮想中，一味地空想，而不努力去实现自己的理想，其结局只能是悔之晚矣！

要想得到丰富的胜利果实，心动往往是不够的，唯有用勤劳的双手去耕耘，那么，对于我们而言，成功便不言而喻了。其实，只要我们行动了，无论成败，最终都会无怨无悔。

心动不如行动，虽然行动不一定会成功，但不行动则一定不会成功。生活不会因为我们想做什么而给我们报酬，也不会因为我们知道什么而给我们报酬，而是因为我们做了些什么才给我们报酬。

一个人的目标是从梦想开始的，一个人的幸福是以心态把握的，一个人的成功则在于行动的实现。你爱成功，成功也爱你，但你若不行动，失败天天都在等着你。

成功是信心、耐心、诚心和持续行动的集合，仅有一个成功的原则，绝不会成功的，只有行动，才是滋润你成功的食物和水。

行动是一个敢于改变自我、拯救自我的标志，是一个人能力有多大的证明。面对理想和现实的矛盾，你只有付诸行动，通过努力，克服生活中的各种困难，人生的辉煌才会徐徐展开。

行动是成功的基石。成功路上没有享福可言，要成功就要饱经风霜，历尽艰辛。

中国的"史圣"司马迁矢志不渝，在漫长苦闷的生活道路上，以超人的毅力忍辱负重，终于完成了不朽的杰作《史记》；化学家诺贝尔的炸药实验虽然使亲人丧命，自己身负重伤，但他仍旧坚定不移地工作；伟大的革命导师马克思，在伦敦图书馆他的座位下，竟有他读书时放脚留下的沟痕。

……

毫无疑问，成大事者都是勤于行动和巧妙行动的大师。古今中外，无一例外。在人生的道路上，"用行动来证明和兑现曾经心动过的梦想"，这是你最需要的。

亲爱的朋友，你渴望顺利地走到胜利的彼岸吗？"千里之行，始于足下。"如果你想成功，那就用实践和行动去实现心中的梦想吧！

不要停下对成功的追逐

对成功的渴望，让我们停不下脚步，让我们变得越来越强大。我们都渴望成功，因为成功的感觉是世界上最美的享受，它能给我们带来一种油然而生的力量，促使我们勇敢坚强地往前走。

人生就像攀登一座座陡峭的山峰，然而这里只有两条路可选：一条就是向山峰举手投降，不过这样你就注定会失败，成功之路就会离你越来越远，你只能远远地看着它，却永远达不到；还有一条就是跟山峰斗争到底，永不放弃。选择这一条路的人，会永远地面带微笑，勇敢前行，直到抵达成功的彼岸。

我们渴望成功，渴望在一次次的考试中得到成功。因为成功能给予我奋斗的动力，让我们能再接再厉，不被考试吓倒。这样，我们才能信心十足，勇敢坚强地朝着前方走去。

我们渴望成功，渴望在一次次的尝试中得到成功。很多人都因为自己的一次失败而变得很不相信自己，觉得自己很无能。因此，我们渴望在尝试中得到成功，它能让我们告别忧郁，告别烦恼，从而发现一个全新的自我。

然而，成功并不是想要就能得到的，它需要智慧、辛勤的汗水和不懈的努力，它需要我们战胜别人，更超越自己。现在让我们来看一个关于成功的小故事吧。

表哥曾经告诉我："进了中学要跑800米。"以前的我并不当一回事。可是，当体育老师告诉我们要进行800米练习时，我不由得大吃一惊！

跑步本就不是我的强项，我可是跑步的"困难户"，不用说也想象得出我的成绩有多糟。而且我们班的男生个个跑得飞快，我不免有些自卑，唉！都不想跑了。

但是，躲是没有用的，只好硬着头皮上。"预备——跑！"只听老师一声令下，女生们都像离弦的箭一般冲了出去，还没过50米，我就已经落到了最后。

"不是吧！我有这么慢吗？"我心想。我不甘心被甩在后面，我开始全力以赴地向前跑，很快就从最后升至第一。

"1分20秒！"第一圈跑完，竟用了这么长时间，要在4

分钟内跑完才算及格。

"一定要坚持住，冲！"我暗暗告诉自己。此刻的我，用尽全力跑完第二圈，却已经气喘吁吁。

"糟糕！"我猛然间意识到，由于之前两圈用了太多力，跑到第三圈时已经没多少力气了。很快，我的速度缓慢了许多，之前拉开的差距也被后面的同学逐渐拉近。

我的步伐越发沉重，速度也慢了下来。"哎呀！后面的人追上来了！"此刻，我的好友已出现在我身后，很快，我们已并驾齐驱。我几乎失去了信心。

"你超吧！"此话一出，好友已从我身边擦肩而过。忽然，我的耳边响起了一个声音："你就这样放弃了吗？不超越自我了吗？"

是啊，还没有结束，我必须要超越自己！很快，我重拾信心，竭尽全力。近了！近了！我和好友的距离越来越小，最后40米、30米、20米、10米……

终于，我突破了自己体力的极限，先好友一步跨越终点，完成了任务，成绩为3分38秒，我成功了！

现在想来，不知自己怎么会有这么强大的冲劲战胜自我。不禁想到了一句广告词："一切皆有可能！"是的，只要战胜自我，突破极限，相信成功一定就在不远处向你招手！

文中的"我"之所以最终取得赛跑的成功，不仅在于"我"战胜了自己的同伴，更在于战胜了自己。有几次，都准备要放弃了，可最终还是鼓足了勇气，用汗水和力量冲向了终点，向同学展现了自己的强大。

成功就是这样，激励着我们不断前进，努力向前冲！而不是关闭在自己的狭小空间里，自怨自艾。

如果永远不停止地抱怨自己的出身不好，机遇不好，经历也不好的话，那么永远都不会成功，因为成功不需要抱怨，只需要努力，不断地努力，就算失败一万次，也要坚持不懈地努力。

一个人要想取得成功，就不能给自己找借口，什么事都要自己努力去做，当有困难时可以寻求别人的帮助，但是自己能做的事情不要让别人做，因为这样你会产生惰性，只有严格地要求自己，才能成功。

我们一定要有面对失败不惧怕的信心、面对成功不骄傲的平常心，那么你将来所成就的东西会让你对自己刮目相看。

不断地超越昨天的自己，这是成功的基本准则，例如你今天做了错事，吸取教训，明天认真做好就可以了。

能真正看清自己、面对自己的人，才能把握住自己；把握住了自己，才能把握住别的人和事，然后才能不断地超越自己，从而把握住成功。

其实，成功的道理很简单：看清自己，把握住自己，不断地超越自己，你就成功了！

第二章
你是你自己的救世主

在这个世界，你不要指望别人能拯救你，特别是在自己生存低谷的时候，你不要企望任何人的悯怜。不是说这个世界没有好人，也不是别人没有能力救你，而是无论谁都只能救你的一时，而不能救你的一世。

只有你自己才是自己的救世主，只有你自己通过努力与奋斗才能救自己。

生活，谁都有压力

大自然赋予了我们神奇的生命力，同时也给我们带来了永不停息的压力。压力从生命诞生开始，就与人们形影不离，从某种意义上说，我们无法从根本上消除压力的存在。

但是，压力也给不同的人赋予了不同的意义，压力是懦弱者不可任意逾越的鸿沟，是开拓者激发动力的源泉。因此，一个人要想取得成功，就不能逃避压力，要经得起挫折的锤炼，并勇敢地向压力发起挑战。让我们来看一个勇于挑战压力的故事吧。

著名生物学家童第周，出生在浙江省鄞县的一个偏僻的小山村里。由于家境贫困，小时候一直跟父亲学习文化知识，直到17岁才迈入学校的大门。

读中学时，由于他基础差，学习十分吃力，第一学期期末平均成绩才45分。学校令其退学或留级。在他的再三恳求下，校方同意他跟班试读一学期。

此后，他就与路灯为伴：天刚蒙蒙亮，他就在路灯下读外语；夜晚熄灯后，他在路灯下自修复习。功夫不负有心人，期末考试，他的平均成绩达到70多分，几何还得了100分。

这件事让他悟出了一个道理：别人能办到的事，我经过努力也能办到，世上没有天才，天才是用劳动换来的。之后，这也就成了他的座右铭。

童第周就这样变压力为动力，不断向前，最终成为一位有名的科学家，为人类做出了巨大的贡献。由此可以看到，压力对于我们的发展具有重要的作用和意义。

英国大作家柯林斯的故事也足以说明这个道理。他读中学时，同寝室一个凶暴而爱听故事的学生每晚都用鞭子逼他不停地讲故事，稍有不满便用鞭子抽打他。

为了逃避鞭打，柯林斯每天用心观察周围的事物、构思故事情节并积极揣摩，久而久之，练就了出色的讲故事的本领，以后顺利写出了《月亮宝石》《白衣女人》等名篇。

上海的一位中学生，在国际竞赛中获奖了，在介绍学习经验时他谈到，在备考期间主动迎合老师的压力，对他的成功起了不可低估的作用。

既然压力对于一个人的发展具有推动作用，那是不是说，压力越大越好呢？当然不是。

压力过大会让人产生不快乐、抑郁、焦虑、痛苦、不满、悲观，以及闷闷不乐的感觉，觉得生活毫无情趣，自制力下降，人会突然发怒、流泪或是大笑，独立工作能力下降，平时好动的人变得懒惰，平时好静的人变得情绪激动，原本随和的性格突然暴躁易怒，对感官刺激无法容忍和回避，对音乐、电光、家庭成员或他人的交谈声等突然感觉无法容忍。

压力大容易使人与人的矛盾冲突增多，影响学习效果，使人变得健忘、倦怠、效率降低。

心理压力过大的人会变得冷漠而轻率，他们仍然能够处理小问题和日常活动，但不能面对他们担忧的重大问题，无法做出正确的决策，进而易做出草率的行为。

我们来看一个压力过大的事例。

> 在教室里，教授举起一杯水，问道："大家知道这杯水有多重吗？"同学们回答各异。
>
> 只听教授说道："它有多重不重要，重要的是你举杯的时间。一分钟，即使杯子重400克也不是问题，轻而易举。那么，举一个小时，即使它只有20克，我想你也会手臂酸痛的。那么，举一天呢？恐怕就需要叫救护车了。同样的一个杯子，举的时间不同，结果也就不同。"

我们每个人都会有同这杯水一样的压力。如果你一直将它扛在肩上，它就会变得越来越重，迟早有一天，你会承受不了，不堪如此重负。你应该做的是，把它放下，先让自己休息一下。

我们每个人都不可能生活在真空里，工作、学业、生活或多或少都会带给我们压力，但我们应当意识到这是普遍现象，压力每个人都有，只是大家感知的程度、对待的态度不一样罢了。

压力是坏事，也是好事，这要看我们从什么角度去看，去分析。对待压力的态度很重要，甚至决定一个人的人生。如果我们感到生活与工作没有任何压力，那表明我们很可能是目标感欠缺、动力羸弱的人。

我们有些人喜欢得过且过，无所事事地打发着人生，白白地蹉跎了岁月。这样生命的意义将大打折扣，这样的人生将缺乏许多色彩。

压力本身就是我们生活和工作的调味剂。面对环境的变化和刺激，我们应该努力去体验快乐，积极适应，生命有时因压力而丰富。挺过去，你一定会体会到别样的精彩！

我们必须有适量刺激，才能更好地生活。刺激过度或不足，人都无法适应。适当的压力既有利于肌体平衡，也有利于心理健康。压力能够激发我们采取行动，促使我们去做某些事情。我们的生活需要冒一些风险，我们需要承受一些压力，以确保我们从生活中获得一些东西。

既然这样，我们就别再浪费精力去阻止压力进入学习、工作、生活了，应该试着以积极的态度迎接压力，并将其转化为动力，这才是根本。

否则，我们在压力之下便会丧失信心，失掉勇气，没有了斗志，被压力所吓倒，被压力所蒙蔽，被压力所征服，被暂时的困难吓退了勇气，被面临的困境消磨了精神，被眼前的艰险击垮了信念。

压力面前采取什么态度，关系到我们一个人的人生哲学与人生的价值。只有勇于面对压力，善于把压力化为动力，我们的人生才会异常丰满，我们也才能充分体会到生命的意义。

反之，如果我们只会逃避现实，不敢直面压力，我们的人生必将黯淡，我们的生命必将缺乏光彩。

对待压力的最好方法，就是正视它，并适时地放下它，然后再精神抖擞地举起它，给自己一个焕发精力的时间。

具体来说，要想变压力为动力，首先要做的是减轻"负载"。一般来说，人之所以压力大就是因为身上的负担过重，可以通过写下你所看重的和你所背负的责任来进行比较，然后分清轻重缓急，放下那些不重要的，做到轻装上阵。

要变压力为动力，就要正确地看待自己，要明白超人只存在于科幻剧和影片中。每个人都有自己的极限，来认识、接受你自己的"有限"，并且在达到你的限度之前停下来，减少不必要的压力。

当压力大到已经产生压抑的感觉时，找我们信赖的朋友或者心理辅导老师诉说我们的感受，直接减轻我们压抑的感觉，这有益于我们客观、冷静地思考和计划。

另外，我们还要注意饮食习惯，当我们处在巨大的压力之下时，我们常趋向于过量饮食，尤其是一些只会使压力增加的、不利于营养吸收的食物。均衡地摄取蛋白质、维生素、植物纤维，有利于代谢糖分、咖啡因和多余的脂肪，这是减轻压力和其他的影响所必需的。

还有，我们需要确保一些必要的体育锻炼，因为这能使我们的身体更健康，并且有利于消耗掉多余的肾上腺素。要知道，肾上腺素能引发压力和伴随而来的焦虑，所以，必须注意！

自卑是生命的绞索

自卑是我们成功的敌人，是我们生命的绞索，似阴影般地遮蔽了阳光与鲜花，也遮住了我们的心灵。它使我们变得胆怯、懦弱，经不起生活的风吹雨打。

自卑是因为过多地自我否定而产生的一种自惭形秽的情绪，也是一种自尊的体现，当人的自尊需要得不到满足，又不能恰如其分、实事求是地分析自己时，就容易产生自卑心理。

自卑是我们心理不健全的体现，当我们的自卑心理形成时，就会从怀疑自己的能力到不能表现自己的能力，从怯于与人交往到孤独地自我封闭，甚至看不到自己的长处，不敢发挥自己的优势与人竞争，往往阻碍自己的发展。因此，我们应该挑战自卑，做最好的自己。我们要大声告诉自己："我可以！"

可是许多人却因为这样或那样的原因，存在着程度不一的自卑心理，我们应该如何挑战自卑，克服自卑，成为一个自强的人呢？下面这个故事也许对我们有所启发。

我既没有骄人的外貌，也没有横溢的才华。在公共场合，我总是沉默寡言，很少发表自己的意见，总认为我的意见可能没有价值，说出来，别人会笑话我，还是别说为好。一直认为自己是只丑小鸭，而且永远变不成白天鹅。

偶尔从报刊上看到一则有趣的故事：

妈妈带儿子去动物园看大象。大象拴在矮矮的木桩子上，儿子的脑子里就产生了疑问："妈妈，这么大的象，一定很有力气，可是它为什么不挣断这细细的链子逃跑呢？"

妈妈告诉他："这头象刚来到这里的时候还很小，当时就被拴在这小木桩上。它当时很想挣断链子跑掉，可是由于力气小，每次都失败了，于是就失去了挣脱链子的信心。尽管它一天天长大，但不知道现在自己有很大的力量，用力挣一下，就能逃脱。它不敢这样想，当然也就不会这样去做，因而只好永远被锁在这里，老死在这里了。"

看完故事，对照自己，我明白了，原来是低估了自己，对自己缺乏信心。因此我下定决心改变我自己，克服自卑心理。当然战胜自卑，不能流于口头，必须付诸实践，见于行动。于是我开始以实际行动改变自己。诸如：课后主动和同学攀谈，课堂上敢于大胆回答问题，并提出自己的异议。面对别人不屑的目光，我学着傲然面对。

一次特殊的经历，使我彻底从自卑的阴影中走了出来。

那是一个风和日丽、阳光明媚的早晨，语文老师进教室就说："同学们，下周开展一项'我来当老师'的活动，谁想尝试一下讲课，自愿报名。"

老师话音一落，班里就炸开了锅，沸沸扬扬。我犹豫了一下站起来说："老师，我可以讲吗？"

老师用疑惑的目光看了我一会儿后坚定地说："好。"

讲课那天，我信心百倍地走上讲台。可是，面对同学们的嬉笑，我的额头开始冒汗，两眼不敢直视他们，"同，同学们……"

"哈……"教室里炸开了锅。

我的眼泪都快流出来了。突然，我见到了老师充满期待和信任的眼神，我鼓足勇气。

"同学们，今天我们来学习……"渐渐地我不再害怕，不再发抖，开始正视同学们充满了鼓励、羡慕的眼睛。我滔滔不绝地讲了下去，甚至连自己都惊讶：我哪来的这样好的口才？

"好，这节课就上到这里。同学们如果有疑问请下课来找我，急盼赐教。"我深深鞠了一躬，俨然一副老师的样子。同学们爆发出热烈的掌声，我便在这掌声中陶醉了……

这节课就好像是老师刻意为我安排的，它像一道闪电，驱走了我心中的阴影，我的性格从此变得开朗，我的生活不再是索然无趣，而是充满了阳光。

学校举办辩论会，我站在了队伍的最前列，课后，为一道题的答案正确与否，我和同学们争得面红耳赤，我再也不自卑了……

看完这个故事，我们是不是有所启发呢？其实，自卑并不可怕，只要我们像故事中的"我"一样，就能一步步地克服自卑心理，找到自我。

让我们从认识自卑开始吧！自卑是一种心理不健康的表现，是影响身心健康成长的大敌。

自卑是阻止我们成功的桎梏，它让我们在交往中缺乏自信，它让我们缺乏胆量，畏首畏尾，没有自己的主见。

自卑者总是能不停地找出优秀者的优胜之处，然后拿它们同自己的薄弱环节相比。于是，站在球场上看到别人动作灵活，我们便为自己笨得像牛而黯然神伤。比起优等生，我们总是记不住繁复的定理，在不算复杂的逻辑演绎中，我们感到头昏脑涨。

可是，我们为什么不告诉自己"我也有长处"？

一个高中生说，无论在车站等车，还是走进教室，他总是觉得有许多人在盯着他，挑剔他。为此，他处处不自在，坐卧不安，站立不稳，走路时也不自然。

淹没在这种情绪中的原因是综合性的，这是自卑青年的共同特征。如果无力改变穿戴陈旧的不合体的服饰，留自己不喜欢的发型，我们就会怀疑别人在嘲笑自己土气。如果认为自己不漂亮，驼背、脖子长或腿短，也会感到周围的人把自己当成了怪物。

但实际上，这些幻觉不难破除。如果我们提醒自己："不必太在意。"我们就会像一般人一样，恢复常态。如果我们的理智更进一步地告诉自己说："没人注意你！"我们便会更加轻松。

事实也是如此，人们的眼睛通常是落在最美或最丑的事情上的，最容易忽略的恰好是一般的人和事。我们没有穿绫罗绸缎，也没有麻布加身，既不是美人，也不是丑八怪，因此我们身上没有过于吸引人的东西。

至于我们的内心世界，只有我们自己才会知道。此外，我们可以多交些朋友，与他们时常往来，或者坚持几种高强度的竞技锻炼，最终会连根去除那些怕人知道的心病。

自卑者信心不足，一旦遇到挫折，情绪会更加低落。我们常常羞于放声开口，来表达自己的思想。

在开会或上课时，自卑的人不敢坐在前排，不敢在大庭广众之下行动自如。就连敲别人门的时候，也惴惴不安。别人无心的一句话，会让我们想上很长时间。但是，如果我们不想与公众生活脱节，我们就该催促自己说："不妨试试看！"

最关键的是，我们一定要明白："错了没关系。"如果我们强求完美，情况会很糟。假如放弃尽善尽美的标尺，我们反而会得心应手。让我们携起手来，向自卑说"Bye Bye"吧！我们要相信，美好的未来属于我们充满自信的新一代。

天空不会总是灰色的

盒子里有一块面包——这是事实；盒子里就剩下最后一块面包了——你一边噘着嘴一边叹气；盒子里还有一块面包呢——我看到你微笑了！这可真是三种心态，三种世界啊！

由此可见，不易改变的是这个世界，可以改变的是我们的心态。面对同一扇门，有人悲观于门内的黑暗，有人却乐观于门内的宁静；有人悲观于门外的风雨，有人却乐观于门外的自由。悲观与乐观，世界大不同。

有这样一对性格迥异的双胞胎，哥哥是个彻头彻尾的悲观主义者，弟弟是天生的乐天派。

一次，他们的父母希望改变他们极端的性格，在圣诞节前夕为他们准备了两份不同的礼物：给哥哥的是一辆崭新的自行车，给弟弟的却是一盒马粪。

到了圣诞节，哥哥先拆开了礼物，接着哭了起来："你们知道我不会骑车，外面还下着这么大的雪。"

就在父母想办法哄哥哥高兴的时候，弟弟好奇地打开了礼物盒子，屋子里顿时充满了马粪的味道。出人意料的是弟弟竟然高兴地跳了起来："快告诉我，你们把马藏在哪儿了？"

美好的事物在悲观者的眼里不再美好，讨厌的事物在乐观者的眼里也不再讨厌。其实很多时候，事情的结果取决于我们的心态，心里充满阳光，整个世界都是明亮的；心里满是乌云，整个世界都是阴暗的。

　　悲观者说："希望是地平线，即使看得到，也永远走不到。"

　　乐观者说："希望是启明星，即使摘不到也能看到曙光。"

　　悲观者说："如果给我一片荒山，我会修一座坟墓。"

　　乐观者说："如果给我一片荒山，我会种满山的绿树。"

　　悲观者说："风是浪的帮凶，会把你陷入无底的深渊。"

　　乐观者说："风是帆的伙伴，会将你载到成功的彼岸。"

　　对于一些事物的看法，悲观者和乐观者有着截然不同的两种态度，一种是积极的，一种是消极的。面对人生，我们又该如何选择呢？

　　面对人生的挫折坎坷，你选择退缩，甘愿做一个懦夫，遭世人所鄙视，还是选择勇敢地站起来，找出不足和缺陷，重整旗鼓，以一个崭新的姿态屹立于世界东方？

　　面对他人对你的误解，你是耿耿于怀，处处给他人找碴儿，以解心头之恨，还是选择以一颗平静、沉稳、宽容的心去找他人解释清楚，从而成为一对友谊更加深厚、彼此更加爱护的朋友？

　　面对世俗的眼光，你选择逃避，永远蜷缩在属于自己的狭窄的小天地里，还是选择以自己的努力，向世界显示你的观点，以你的成果，打破这世界所有陈腐的观念？

　　如果让我选择，我会选择后者。因为，一个人只要具有了这些精神，友谊之花就会为他而开放，成功之花就会为他而绽放。在这样的一个世界里，他会活得很快乐。

在漫长的人生旅途中，谁都有陷入困境的时候。有的人从困境中走了出来，找到了光明的未来；有的人陷入困境，自暴自弃，无法自拔。这就是悲观和乐观的巨大区别！

人的一生会面对许多的挫折，需要不断地战胜自己，不断地克服困难，才能度过艰难的时期。然而，面对困难，面对迷茫，有的人成功了，有的人却失败了。其实，那些成功的人之所以成功，是他们用自强不息的意志战胜了一条又一条的崎岖之路，才得以冲出困境的天空。

实验失败了，有人说：1000次的惨败，你该收手了吧！爱迪生却告别悲观：1000次的失败起码告诉我1000种材料不能制作灯丝。终于在他的坚持下，灯泡发明成功了！他若没有告别悲观，那人类不知还要在黑暗中摸索多少年。

细胞衰竭老死了，有些人悲观地躺在床上自怨自艾，等待别人的照料。伟大的科学家霍金却告别悲观，独自坐上轮椅，用僵硬的手指敲打鼠标，探索着那未知的世界。他若没有告别悲观，又何以成为一位用意志创造奇迹的伟人呢？

受到别人的嘲笑与羞辱，有人独自在角落默默哭泣，而李阳却顶着骄阳大声地说"英语"。他告别悲观，用这种近乎疯狂的行为创造了"疯狂英语"。

女孩周周从小失去双亲，14岁那年爷爷去世了，随之好心的姑姑也失去了帮助她的能力。似乎全世界都抛弃了她。那一夜，她把一切泪水都留给了过去。告别了悲观，她要好好地活下去，14年前，她自卑、孤僻，甚至想过轻生。而今天，她阳光、自信，她曾这样说："勇敢是悲伤的恩赐。"

小草被狂风压弯了腰，可它告别悲观、风雨后重新振作，面向朝阳；鱼儿被江流冲离了港湾，可它告别悲观，逆流而上，最终在故乡快乐地生活；云朵被风儿吹散，可它告别悲观，重新聚拢，为大地降下甘露……

俄国作家契诃夫的文章《生活是美好的》，教我们不要悲观地看世间万事，要善于适时地满足现状；还应该很高兴地感到："事情原来可能更糟呢。"例如你该高兴你不是拉长途马车的马，不是旋毛虫，不是猪，不是熊，不是臭虫……如果你这样想，生活岂不是很美好？

在告别悲观的路途中，勇气是必不可少的。

悲观与乐观是有区别的，那就是：乐观者在每次危难中都看到了机会，而悲观的人在每个机会中都看到了危难。

面对同一扇门，你会懦弱地无从选择、犹豫不前吗？你会悲观地恐惧、不安吗？告别悲观吧！也许你无法改变世界，但你可以摒弃悲观的心态，直面挑战与磨炼。

让我们告别悲观，学会乐观吧！正如开篇面对同一块面包那样：哇！盒子里还有一块面包呢！让我们开心地大笑吧……

轻轻松松过好每一天

紧张是我们人体在精神及肉体两方面对外界事物反应的加强。好的变化，如取得好成绩、受到表扬、升学；坏的变化，如成绩不好、受到批评；都会使我们紧张。

我们紧张的程度常与生活变化的大小成比例。紧张使人睡眠不安，思考力及注意力不能集中，头痛，心悸，腹背疼痛，疲劳。普通的紧张都是暂时性的，突发性的紧张则是一种恐惧感。

与紧张紧密联系的是焦虑。焦虑是指一种缺乏明显客观原因的内心不安或无根据的恐惧，是我们遇到某些事情如挑战、困难或危险时出现的一种正常的情绪反应。

焦虑通常情况下与精神打击及即将来临的、可能造成的威胁或危险相联系，主观表现出紧张、不愉快，甚至是难以自制的痛苦，严重时会伴有植物性神经系统功能的变化或失调。

由于日常生活工作学习的压力，会经常受到紧张和焦虑的困扰，让我们的生活不能轻松，心情不能愉快。我们来看一个故事吧。

小玲是某中学高一的学生，平时比较内向。随着期末考试的临近，她感觉压力重重，变得过度敏感，神经极度紧张，坠入了痛苦的深渊，不能自拔。

有一次，小玲一夜睡不着，当时也没当一回事，第二夜，睡得挺好，但是第三夜又睡不着了，她就开始害怕，开始紧张，突然想到自己的妈妈曾经失眠的痛苦。

后来小玲对声音特别敏感，睡觉时听到呼噜声，或是空调声都会觉得害怕，觉得耳朵老是吱吱响，心跳就会加速。虽然白天她还是能维持较好的心情，但是有时候还是会突然想到自己的睡眠问题。

这种情况持续4个多月了，先是心理上的不适，后来导致了身体疾病。每天脑袋都昏昏沉沉的，而且夜里睡不好觉，精神萎靡，她意识到自己心中的焦虑在一天天地加重，并且已经开始影响到了她的生活。

为了早一天走出困惑，她走进了学校的心理咨询室，在老师的帮助下开始调整自己的心态，她要好好地生活，不做紧张焦虑的"奴隶"。在心理咨询师的细心指导下，她已经恢复了往日的朝气与自信。在学期期末考试中，她还取得了好成绩。

她说："没有了紧张焦虑的困扰，我变得轻松了，做事效率也高了，也有了足够的自信。"她还说："紧张焦虑不是不可能消除的，只要你有信心，紧张焦虑一定会远离自己。"

小玲的遭遇让我们看到了考前紧张对她的影响，不过由于她及时发现并进行了处理，最终战胜了紧张焦虑，并取得了理想的成绩，真是值得高兴的一件事啊！

面对紧张焦虑最好的办法，并不是告诉自己"别紧张"，因为"情绪如潮，越堵越高"，抵抗、排斥紧张只会让它越来越猖獗。正确调整紧张焦虑的情绪，可以从以下几个方面入手：

一是要认识到紧张焦虑是难免的。

美国前总统林肯被称为伟大的政治家。林肯出生于一个农民家庭，他曾是一个内心自卑却又渴望成功的人。他当上美国总统后，复杂的政事令他患上了较严重的抑郁症。他常常失眠，精神紧张，甚至对生活感到绝望。

但是后来他却在没有心理医生帮助的情况下调整了过来，因为他喜欢上了做一件事情，那就是剪报。他每天都会剪下报纸上人们对他的赞誉之词，然后揣在口袋里。

在每一个重大会议召开之前，在每一次情绪紧张的时候，他就会掏出一张纸片，然后给自己鼓劲。将别人的鼓励随身携带，以舒缓紧张的情绪，这个完成美国南北统一大任的总统一直到去世都保持着这种习惯。

在围棋界，赵治勋被日本人称为"棋圣"。这个棋圣也有自己的怪癖，那就是在激烈的对弈中撕废纸和折火柴杆，他通过这两种方式来舒缓自己的情绪。因此，每当他出场比赛时，总要求工作人员为他准备一大堆火柴和废纸，一边折火柴杆、撕废纸，一边运筹帷幄。比赛结束后，细心的人们总会发现，他的座位旁边满是折断的火柴和撕成长条的废纸。

无论多有成就、多杰出的人，都未必能完全摆脱紧张的情绪。特别是在当今这个竞争激烈的社会，紧张焦虑更是每个人都需要面对的问题。不过，看那些名人们，对付紧张焦虑各有自己的一套妙法，这些对我们是不是也有一定的启发呢？

二是与其仓皇逃避，不如直面人生。

要知道，紧张焦虑并不一定是坏事情。紧张焦虑可能是动物所共同演化出来的特质，在早期弱肉强食的生物圈里，逃避被吃掉，是延续物种繁衍很重要的因素。一只紧张的老鼠先祖，可能比一只不太紧张的长毛象，更能逃避猎食者的吞噬。

紧张焦虑是来自被毁灭的恐惧感，这种恐惧感造成各种生理上的反应，如发抖、流汗、肌肉紧张等，而荷尔蒙在这个过程中，扮演着重要角色。这种特质延续至今，似乎没有减弱的趋向。

紧张与恐惧有利于生物，但也会给生物带来很多困扰，如有些生物在面对恐惧时，反而会紧张得跑不动。很多生物对恐惧的反应就是逃避，不敢面对问题并解决问题。

当我们抓一只小白鼠时，大多拉它的长尾巴，小白鼠害怕就往前冲，我们就越要抓；若有一天，这只小白鼠突然开窍，不再逃避，反过来看看谁在抓它，并且回头来咬人的手指，抓的人一定会松手。

其实古人早就有许多对策，例如英国有一个谚语：遇到强敌，若不能逃跑，就面对战斗。因此，最好的态度，就是面对恐惧，冷静分析问题，找出解决的办法。

三是要能容纳小的紧张。

对紧张带来的小动作，如果不是特别令人讨厌，就像看待感冒时打喷嚏一样接受它们吧！台球大师奥沙利文的小动作纷繁多样，挤眉弄眼、咬指甲等都是他的招牌动作，他对此坦言是自己紧张所致，人们因此而更觉得他平易近人。所以，这些小动作只要自己坦然也没有大碍。

四是学会安慰自己。

关键时候容易捅娄子的人，大多有类似"一考定终生"或"一面定终生"的想法。这时需要找各种证据来冲淡目标的重要性，比如"谁谁谁没考上也不是一事无成，谁谁谁考上了也不是一劳永逸"。最后，对结果持"谋事在人，成事在天"的态度，如告诉自己"升学考试成功与否，不仅与自己的能力有关，更取决于报考学校录取量的多少"。

而对那些由紧张衍生出的成瘾或回避问题，除了求助于专业人士，平时紧张时还可以放松一下肌肉，喝点水，做做深呼吸，去趟洗手间等，以身体上的放松来促进心理上的平稳。

另外，闲暇时多体验"慢生活"，让心理恢复弹性，也能给紧张时提供一些可供想象的"画面"。

总之，当紧张的情绪反应已经出现时，我们就应该坦然面对和接受自己的紧张，应该想到自己的紧张是正常的，很多人在某种情境下可能比你更紧张。

不要与这种不安的情绪对抗，而是体验它、接受它。千万不要让自己陷到里边去，不要让这种情绪完全控制住你，正视并接受这种紧张的情绪，坦然从容地应对，有条不紊地做自己该做的事情。

现在让我们放下紧张吧！不要让它成为我们前进道路上的绊脚石。不管事情来得多么突然，我们都应该冷静地对待。记住，只有冷静者才能做出最准确的判断。

你不勇敢，没人替人坚强

参天大树的树干上有虫蛀的印记，小草的嫩叶上也会有践踏的痕迹。无论我们是大树还是小草，总要经过挫折的历练方可成才。

我们每个人都希望自己能够成功，不一定要像高楼大厦般地巍然屹立，即使做一颗小小的石子埋在泥土中铺成道路亦是很好。在成功的路上，每个人或多或少都会遇到挫折，当我们面对挫折时如何应对呢？是畏缩不前，还是越挫越勇？那当然是后者，将挫折化为前进的动力，迎难而上。

让我们来看一个小姑娘傲视挫折、越战越勇的故事吧。

那天，我坐在琴凳上，弹一首温馨的曲子，琴声初始时很轻柔，好像一个仙女在翩翩起舞，我沉浸在音乐里——那是一片一望无际、充满生机的青草地，那里只有我。我轻轻地闭上眼睛，啊，多么舒适惬意呀！我静静地感受着阳光的温暖。风，拂过耳畔，扬起发丝的感觉。好棒呀！

琴声一会儿又低沉下来，就在这一瞬间，草地突然消失，一切都消失了，怎么了？

哦，是我中间断了一个地方，我又弹了一遍，可恶，还是断了！怎么办？指法太难了！还练吗？

我开始焦躁了，练就要耗费大量时间！算了，我从头再来一遍，没准儿能过呢？

抱着这样的侥幸心理，我从头开始弹了。可恶！又断了，又是这儿！

我心烦意乱，停止了练琴，随手拿起书架上的书翻阅起来，不经意间，我看到了孙中山先生说过的8个字"一往无前，越挫越勇"，这8个字刺痛了我的心。

唉，失败乃成功之母啊，坚持不懈就一定会成功，这是我从小就明白的道理，怎么忘了呢？仔细想想，爱迪生在设备被一场大火严重毁坏、损失惨重时却说："灾难有灾难的价值，我们的错误全部烧掉了，现在可以重新开始。"这是何等的勇气和胸襟啊！

居里夫人在一间夏不避燥热、冬不避寒冷的破旧棚屋内从事脑力加体力的劳动，耗费了将近4年时间，坚持不懈，终于从几十吨铀沥青矿废渣中提炼出1/10克纯镭盐，她需要怎样的勇气和毅力啊！

不！我也行！想到这些，我又坚定地坐在了钢琴旁边，反复练着刚才断了的地方，虽然有时候也还会错，有时候还会急，但是我坚信，一定会弹好，一定会成功！

"一往无前，越挫越勇！"我越是失败，就要越勇敢，越坚定！果不其然，20分钟后，那个我所谓的"害群之马"就被破解了。

人的一生也许会遇到很多挫折，最简单的办法就是静下心来，仔细想想该怎么克服它，而不是变得焦躁，讨厌它，把它看成一道怎么也爬不过的墙。

这样，你不仅不能克服它，还会让一个个小小的挫折影响你的一生；如果，你把挫折当作一湾浅溪，轻轻地跨越它，坚定地朝着自己的目标前进，你就会越来越有经验，越来越有勇气！

现如今，我们大多生长在优越的生活环境中，就像参天大树下的一株小草，从来没有经历过风吹雨打，所以应对挫折的能力也十分微弱，学习或生活中的一点点困难就足以将我们打倒。

再加上我们的身心发展都不成熟、不稳定，一旦被打倒就很容易出现情绪上的波动，极度地悲观失望、自暴自弃，有些人甚至为此付出了宝贵的生命。

作为21世纪的年轻人，面对挫折，我们唯有张开双臂，勇敢面对，越挫越勇，才能使自己永远立于不败之地。

挑战人生中的挫折，才能让自己更强大。挫折是一个人走向成功不能缺少的，不要用"不可能"来否定自己，更不要害怕挫折，敢于挑战艰难困苦，才能真正地改变自己的命运。

年轻人是祖国的未来，肩负着重大的使命，更要具有一种和挫折斗争到底的精神。不要因为一次考试的失利，而耿耿于怀；不要因为自己出身贫寒，而感到自卑；不要因为遇到阻碍和干扰得不到满足，而表现出消极心态；不要在苦涩的泪水中蹉跎、惆怅、忧伤。即便前面是暴风骤雨、电闪雷鸣，只要我们有满腔热血、斗志高昂，就一定能迎来东方冉冉升起的太阳。

挫折，也是一种幸运。挫折对于一个人来说，是一把打向坯料的锤子，打掉的应是脆弱的铁屑，铸成的将是锋利的刀剑。对于我们青少年来说，挫折不仅是一种磨难，更是一个学习和锻炼的好机会，就像那扑鼻的花香一样，只有经历过严寒才能向世人展示它的芬芳。人又何尝不是如此呢？只要能够保持乐观的心态来看待挫折，希望就永远存在，一切都可以重新再来。

战胜挫折，有时不是硬攻，而要智取。要在挫折中吸取营养，充实自己。爱迪生在研制蓄电池时说过"每当我失败一次，就知道一种方法行不通"。在他看来，比面对4万多次失败的毅力更重要的是总结经验教训。

人生路漫漫，许多未知的挫折还在前方等着我们去挑战，如果我们冷静地分析后能够勇敢地冲上前去，也许，不用拆除，这堵墙便会消失得无影无踪。

在困难面前，我们要越挫越勇！只有这样，成功才能离我们越来越近。如果有了这样的勇气，我们就可以骄傲地大声宣布：让暴风雨来得更猛烈些吧，我们是真正的勇士！

只有经历风雨才能见彩虹

不经历困苦的人，不知道自己有多强大。没经历过风雨的人，难以见到美丽的彩虹。面对困苦时，只要你能拿出勇气去努力面对，你就能把它变成你成功的垫脚石。

我国有句古话："艰难困苦，玉汝于成。"这句话向我们诠释了一个道理：只有经受住各种考验才会取得自身的不断进步。纵观古今中外，我们所知道的那些成功人物，那些为人类进步、社会发展做出过贡献的人，没有一个不是从残酷的考验中走过来的。

由此可见，困苦并不能成为我们放弃自己的借口，只要努力奋发，我们也能取得成功。

"人生不如意事十之八九"，总有面对困难的时候。而当这一切来临的时候，有的人陷入恐慌、焦虑、悲痛之中无法自拔。但有的人却相信总有一条路是属于自己的，不抛弃，不放弃，努力地走了下去。只有勇往直前的人才能在努力后得到成功，驻足的人只能一直在原地痛苦着。

如果没有双臂，你会做什么？如果失去了一条腿，你能走多远？如果只有一只眼睛，你的世界又会怎样……这些不幸的人生假设，台湾传奇画家谢坤山都遇到了。

16岁那年，谢坤山因触高压电而失去了双臂和一条腿，后来又在一次意外中失去了一只眼睛。然而，就是这样一个看似极端不幸的人，却成了台湾家喻户晓的快乐明星。

他的故事被拍成了电视剧，美国《读者文摘》杂志也用十几种语言向全世界的人们介绍他的事迹和经历。

谢坤山用自己"传奇般"的磨难经历向世人阐释了一个道理：不管遭遇到什么，其实我们拥有的永远比失去的多！所有的困难都是暂时的！

"天有不测风云，人有旦夕祸福"，每个人都会遭遇困难，但在困难面前，每个人走出的路却是千差万别的：有的人路越走越窄，有的人路却越走越宽。

　　那么，当你的眼前出现困难时，你该以怎样的态度去驾驶生命的小舟？是让它乘风破浪，驶向彼岸，还是让它却步不前？

　　当然是尽你所能地向前进！用一种坚忍的意志，拿出你非凡的勇气，以百折不挠的精神去面对。只要你能做到，相信你终会在"山重水复疑无路"中见到"柳暗花明又一村"的，你不仅会冲出困境，还会目睹"会当凌绝顶、一览众山小"的壮观。

　　亲爱的朋友，你们应该知道，每个人都会遇到困难，不管是在学习上、工作上，还是生活上，关键看我们如何去面对，怎么去克服。要获得成功，就要学会勇敢地面对，就要在困难中找方法，找出路。有思路，才会有出路；有思路，才会取得更大的发展。

　　我们一定要记住，困境面前不是没有路，而是你没有发现路，如果你能尽己所能地冲过去，那么你就会惊奇地发现原来出路就在自己的脚下。

　　一个成功的人并不是生下来就很聪明、很能干，而是在困境中仍对未来抱有希望，对自己不失去信心，不断努力，不断奋斗，自强不息的结果。

　　困境中是最能激发自己斗志、挖掘自己潜力的时候。那时的我们是多么地渴望证明自己，而这会让我们拼命地努力要证明自己。在这样的努力中，人的潜力会被一点点地挖掘出来。而这时的我们是不是也该感谢困境和挫折？是它们让我们发现了自己的潜力原来还有这么大！

　　请努力证明我们在困境面前也是一样的坚强，让所有的困境都在我们的努力下化为乌有，让我们成为一个在挫折面前勇往直前的强者。笑对一切，感恩一切，用行动把挫折一个个赶走，那时成功之光就会洒向我们。

抱怨只能使你一事无成

朋友，我们要想成功，就得靠自己勇往直前的奋斗来实现，但在前进的途中，我们不可避免地会遇到挫折、困难，或者失败。此时，我们不能一味地去抱怨生活，抱怨命运，抱怨他人，因为抱怨绝对不是成功的良药，只要我们不屈不挠地努力，就会让自己更加自强，最终走向成功。

抱怨不会给我们带来任何帮助，也解决不了任何问题，反而会成为我们前进路上的绊脚石。成功从来都不属于那些抱怨的人，只有我们用实际行动一步一步地往前走，才会有成功的希望；否则，你只能在原地踏步。

你要是不相信，请看下面故事中两个人的不同经历吧。

张维和向柯从职校毕业后，他们一起在一个工地上干活。张维整日怨天尤人，看什么都不顺眼。而向柯好像天生不知道发愁似的，他总是很快乐，每件事情他都觉得很有趣。

比如这天，两个人坐在一起吃午餐，张维打开饭盒，又唠唠叨叨地抱怨道："唉！又是米饭加白菜……我最讨厌吃的就是米饭加白菜了。"

第二天，两人又在一起吃午餐，张维仍然是一边打开饭盒一边抱怨："今天天气真糟！天啊！怎么又是米饭加白菜？为什么我总是要吃这种讨厌的东西呢？"

第三天，向柯特意多准备了一些豆腐，午餐时请张维品尝。

张维说："谢谢你，你看，你的午餐每天都不太一样。可我太不幸了！日复一日都是米饭加白菜！我真的受够这种日子了！"

向柯实在忍不住了："嘿，老兄，你为什么不叫你家人给你做点其他好吃的？"

张维好像没听懂向柯的话，愣了半天，满脸疑惑，这才说道："你在讲什么啊？我的午餐都是我自己准备的。"

"啊？"向柯惊诧地说，"那你怎么不准备点别的呢？"

"唉，我觉得那样很麻烦呀。"张维显得无可奈何。

向柯只好摇摇头，不知道说什么好。两个人还是按部就班地干自己的活。张维总是牢骚不断，一边干活一边抱怨。而向柯总是对工作中的技术问题充满兴趣，甚至对其他的工作，也一有空就在旁边观摩学习。

有一天，老板的朋友来工地考察，在工地上与工人攀谈起来，他问张维与向柯："你们怎么看待自己的工作？"

张维好像终于有机会好好地抱怨一下了，他没完没了地说道："要不是混口饭吃，谁干这活啊！整天码砖砌砖，累得一身臭汗，也挣不了几个钱！"

向柯却说:"您别看我们的工地现在看起来只是一堆钢筋水泥和砖块,等它建好以后,它会是全市最高、最漂亮、最有特点的建筑了。想到这里,我就很兴奋!不信你就等着瞧!等它建好以后,你可别忘了,这么漂亮的建筑也有我的汗水呢!"

老板的朋友不由得笑了,他对这家公司的老板说:"你千万不要忽视那个叫向柯的小伙子,他一定很有前途!他适合做一些更有价值的工作。"

自然,后来的故事没有什么悬念:向柯的老板注意到了向柯,提拔了他,还送他去参加专业培训。几年之后,向柯已经成为这家公司的副总了。可张维仍然干着砌砖的活,也仍然每天不停地抱怨着。

不同的人生态度,最终导致了不同的结果。现实生活中,我们常常会听到有人抱怨命运不公、机会不等,这起不了任何作用。

我们都应该非常清楚,一个差学校不会因为你的抱怨,就会变成一个好学校。客观是不会以你的主观意志为转移的。与其抱怨,不如奋发。

抱怨甚至有一种特殊的"功能":把负面的事情统统吸引到你的身边。如果你的思绪总是围绕着痛楚、悲惨、孤单、贫穷和倒霉来展开,那么,强大的"负面能量"就会把你的命运引向凄惨或不如意的境地。

相反,如果你总是谈论或者想象美好的事物,你就会不自觉地用健康、快乐、平安等情绪来暗示自己,从而强化自我的"正面能量",使你的生活越来越快乐顺畅。

既然这样，我们为什么老是跟自己过不去呢？为什么不想想我们怎样在现有条件下发挥自己的主观能动性呢？

　　确实，我们不能抱怨太多。要是你每天抱怨你的薪水微薄的话，你永远没有可能加薪，因为你把精力都集中在薪水上，而没有考虑如何把工作做得更好；同样，如果你每天都抱怨学校太差的话，你永远不可能读好书，因为读书需要全身心投入。

　　在这个社会上永远不可能有完美的条件，自强而成功的人生是人类自己创造出来的，没有任何捷径可走；世间也没有真正意义上的障碍，我们所谓的障碍，只不过是自己内心的障碍。而只有放下抱怨这道障碍，你才能逐渐自强起来，才可能成功。

　　过去的一切都已成为故事，昨天都已成为过去，让昨天随风飘散，告别过去才能攀上巅峰；过去已成为历史，把历史甩到身后，才能去开创更加灿烂辉煌的明天。放弃过去，跨越征程才能感悟更精彩的明天；跨越征程，每天都是精彩的，都是新的，每天的阳光都是新的，都是灿烂的。

　　人们常说"上善若水"，要想放下抱怨，就要学水的智慧。那么，水有什么样的智慧呢？你看，水在前进的路上，遇到山，它选择了绕过去；遇到平原时，它选择漫过去；遇到一张网，它选择渗过去；遇到……

　　水总是很明智，不论遇到任何困难，它都懂得放下一切抱怨，继续前行。因为它十分明确自己的目的是前进，而不是一味地抱怨，所以一遇到阻碍，它就选择一种方法去解决，然后勇往直前，直至回归大海。

　　放下抱怨才能继续寻找前进的路；所以无论在什么时候，都要学习水的精神：在前进的道路上，不管遇到什么样的困难，都不要把时间浪费在毫无意义的抱怨上，而是应该想办法去解决。

或许，你也对学习、生活中的困难抱怨过，但不妨学习一下水的精神：放下抱怨，重新寻找自己成功的路，从而让自己真正地强大起来。

生活中，你得到的和付出的是成正比的。遇到了挫折、困难，想办法解决是最明智的选择；如果解决不了，也不要一味地抱怨。前进的船不是靠抱怨撑起远行的，它需要的是你努力地滑动桨，你用了多少力，它就行多远，但无论你抱怨多少，它都不会有丝毫的移动。

放下抱怨，不断去努力吧！记住，不管事情多糟糕，只要努力，我们就有扭转局势的能力；而你用怎样的态度去面对，就注定你会有怎样的人生。只有以自强的信念，并努力坚持到底的人，才是最终站在生活之巅的人。

抱怨的人总是说生活不公平，其实，生活给予每个人的都一样，没有谁会十全十美；自强的人生就在于一个人遇到挫折的时候，能够克服抱怨心态，继续前行。

亲爱的朋友，与其让时光在抱怨中流失，不如让我们用自己的努力去改变它，做一个真正自强的人吧！让我们不再抱怨，开始为幸福行动吧！

学会品尝苦中的甜味

所谓失败，是指一个人全心全意地做一桩事，最后却没有成功的情况。如果说成功是我们优点的发挥，那么，失败就是我们缺点的累积。成功的滋味是甜蜜的，失败的滋味却是苦涩的。不过，失败的滋味虽然苦，但是在苦中也会有一些甜意的。而且，苦中的甜，往往更加美味，正如成语先苦后甜、苦尽甘来等，就是这个意思。

人们交口称赞的往往是那些成功者。其实，有些失败者更值得我们去称赞，因为他们付出了比成功者还要多的努力，凭借自己顽强的毅力，从失败中站了起来。

亲爱的朋友，请你一定要记得，人生最大的成就是从失败中站起来。朋友们，让我们来看一个小男孩从失败中站起来的故事吧：

记得有一年，爸爸从市里回来，特意给我买了样东西，那就是当时孩子们中间最流行的滑板。

于是，爸爸便带着我去和平路步行街学滑板。一路上我欣喜若狂，心想："这滑板一定好滑。"

到了那儿，我急忙踩上去，可没想到刚上去，就"扑通"一声，摔了个屁股墩。

第二次爸爸牵着我的手和我并排走，可我滑着滑着就超过了爸爸，正当我得意忘形的时候，只听见"扑通"一声，又摔了个嘴啃泥。

此时的我有点丧气了，大声说："怎么这么难啊！不学了。"

爸爸沉着地说："孩子，摔几下就让你灰心啦，'失败是成功之母'，不经历点儿磕磕碰碰的，怎么能学会啊！"

听了爸爸的教诲，我便认真起来，经过我反复的练习，终于掌握了滑滑板的技巧，熟练地滑起来。当时我"一蹦三尺高"，真是比吃了蜜还甜。

通过这次学滑板，我懂得了一个道理，那就是无论做什么事情，只要不怕失败，坚持不懈，就一定能成功。

人生之路是曲折的，只有品尝过苦涩和艰辛，经历过泪水和汗水的洗礼，才能铸就一个大写的人。只有不断地从失败中吸取教训，才能一步步地走向辉煌。

有这样一个故事：有一个步行的人，因为路不平而摔了一跤，他爬了起来，可是没走几步，一不小心又摔了一跤，于是他便趴在地上不再起来了。

有人问他："你怎么不爬起来继续走呢？"

那人说："既然爬起来还会跌倒，我干吗还要起来，不如就这样趴着，就不会再被摔了。"

你一定认为这样的是非常可笑和可悲的，因为他被摔怕了，所以不敢再站起来继续往前走，因而他也就永远无法到达他的目的地。

印度著名诗人泰戈尔曾说过："如果你因失去太阳而流泪，那么你也将失去群星。"所以失败了并不可怕，可怕的是失败后的沉沦，而那些失败后能成功的人正是以他们坚毅的性格、坦然的心理，面对失败潇洒地挥挥手，报以微笑，然后继续默默前行。要知道，人最大的光荣不是永不跌倒，而是跌倒后还能站起来。

朋友，你肯定见过一种叫作"不倒翁"的玩具吧！"不倒翁"的重心在下面，所以无论你怎么推它、捅它，只要一松手，它立刻又会直立起来，因此，它永远都不会趴下。人生正是这样，由于不断地经受磨难，人才能变得更坚强。我们从失败中学到的东西，远比我们从成功的经验中学到的东西要多得多。

对我们来说，即使是最难堪的失败，也不是单独来的。失败的背后，必然跟随着生机和希望，就像四个季节里面，寒冷的冬天过去，必然就是春天一样。

可是，我们往往只看到眼前的失败，却看不到失败背后的生机和希望。要知道，漫长的黑夜过去，就是黎明的到来。

请问，在人生的道路上，有谁没有跌倒过？有谁没有失败过呢？人生就如一条布满荆棘且崎岖不平的道路，我们时常都会摔跤，有时还会一不小心跌个四脚朝天，甚至会头破血流。

换句话说：一个人不可能没有失误，但是除了会导致丧失生命的失误，许多的失误并不是那么可怕的，而且大都可以转化。就像我们小时候学骑自行车一样，跌倒后，站起来，再练习，我们那时还跌得满身伤，都不怕痛，不怕辛苦地继续练习，我们现在长大了却失去了以前那种永不言败、永不认输的精神吗？

其实，跌倒不算失败，只有在跌倒后站不起来，才是彻底地失败了。要记得，面临失败时，一定要想到大树！因为大树就是一个很好的比喻。大树，当它被砍了，身上一片叶子都没有了，它还是会坚持地活下去，再长出新的枝条、叶子，重新成长起来。

所以，我们不要气馁，要记住："失败乃成功之母。"如果你认为失败是成功的一种预示，那你就已经按响了成功的门铃，再推开门，就能跨进成功的大门了。

暂时的失败算不了什么！让我们从跌倒的地方爬起来，掸去身上的尘土，捂住流血的伤口，毅然前行吧！

我们要以坚韧的意志、坚强的自信去面对所有的困难和失败。生活不可能是一帆风顺的，每个人都可能有陷入低潮或遭遇失败的时候，只有在遇到逆境时仍然能保持坚定信心的人，才是真正具备成功特质的人。愿我们大家都能从失败中站起来，扬帆远航！

自强需要坚定的信念

朋友，什么是人生，什么是信念呢？我们不妨来打个比方。你见过参天大树吗？如果说人生是那参天大树，信念就是那挺立的树干。树干一倒，大树则倾；信念一失，人生则危。

信念是脊梁，支撑着一个不倒的灵魂，支撑着我们人生的大厦；信念是盏明灯，照亮着一个期盼的心灵，照亮着我们人生的殿堂；信念是个路标，指引着我们前进的方向，指引着我们人生的道路。

我们的人生离不开信念，失去信念的人生是可怕的。信念是一种精神，一种动力，而缺乏精神与动力支撑的人生，往往是平庸、颓废、迷惘的。

美国著名女作家、教育家海伦·凯勒以自己坚定的信念向成功迈出了一步又一步。让我们来看一看她坚守信念的故事吧。

在一个可怕的2月里，病魔使海伦合上了眼睛，无法看到即将到来的春天是如何的美好；使她闭塞了耳朵，无法聆听世界上的声音是如何的动人；使她的喉咙也哑了，无法诉说自己的心情是如何的愉悦或是悲伤。这时，她开始失去信念了。

一个如此不幸的人面对自己的缺陷由悲观转化为乐观。刚开始，她学会了一些手语，可以让别人清楚自己的欲望。但长时间下来，她还是承受不住不幸带给她的痛苦。

她经常发脾气，想哭却不能做到。她讨厌每天坐在轮椅上或睡在床上。她觉得自己简直就是一只被牵着线的木偶，而线的另一端是不幸的事实。

后来，她的父母通过一个叫作贝尔的博士找到了莎莉文老师。莎莉文老师担任海伦的家庭教师。莎莉文老师是海伦在人生道路上最重要的人。她为海伦找回了失去的信念，并使海伦的信念一步一步地迈向坚定。

海伦开始乐观地面对自己的缺陷与不幸。她想，其实这世界上并没有不幸，只是看你如何看待它。海伦在莎莉文老师的帮助下，学会了许多知识和做人处世的道理。

海伦写了许多关于自己生活的书，鼓励在生活中遇到不幸的人们。她证明了黑暗与寂寞并不存在。

像海伦这样一辈子只拥有一个信念的人，在找到信念以后，无论世事如何变迁，她总会泰然处之，宠辱不惊，是坚定的信念为她描绘了一幅永恒的画卷。

也许你正徘徊于不知何去何从的十字路口，更不知道还要走多远才会踏上梦想的净土。除了你自己以外没有人能够帮得了你。

朋友，再次昂起你那不屈于生活的头颅，重新点燃信念的火种吧！不要因为一时的挫折而停止自己前进的脚步。

是的，没有任何人会总站在高峰极巅处一览众山小，也没有人会总在谷底品尝失落。只要矢志努力，不轻言放弃，必可穿越人生的迷途而到达梦想的那一方净土；只要能够全身心地去拼搏，定能"长风破浪会有时，直挂云帆济沧海"。

努力吧！朋友。

在人生中最为糟糕的境遇不是贫困，也不是厄运，而是精神与心境处于一种不知不觉的疲惫状态。让曾有的辉煌梦想在不知不觉中悄然褪色，使自己沦为一个平庸的人，而与周围的人互相恭维、自我陶醉着，最愚蠢的事莫过于总试图用语言来掩盖自己的渺小，让自己在自我编造的借口中逐渐滑向无底的深渊。

阴云密布的日子谁都会有，只要肯用铿锵的语言、健壮的肌肉、奔涌的血性在狂风暴雨中全力拼搏，那么，自己的天空就会永远蔚蓝与晴朗，自己的世界就会阳光普照、鲜花遍地。一个人可以为自己的失败找出一千个原因，但是没有一个原因可以成为借口与托词。

金牌和花环从来就不是撞树而死的兔子，鲜花和掌声也不是天上掉下来的馅饼。也许走了很长的一段路，脚板满是血泡，而梦想依旧遥遥无期；也许爬了很高的一座山，双手鲜血淋漓，而巅峰依旧高不可攀。

但是，只要你还在前行，那么，你就是一个英雄，即使失败了，也一样是个勇士。不必太在意最后的结果，只要尽力了，那么你就拥有一个充实的人生。

梦想再遥远，也不要轻言放弃，只要肯迈出实现梦想的第一步，路，就会在你的脚下延伸。你与梦想之间的距离就会越来越短。

当我们的足迹踏着节拍，叩醒沉睡的大地，时代的花蕾就会应声怒放；当我们的双臂荡起雄风，拥抱灿烂的阳光，整个身心就会异常丰盈。

没有坎坷的人生，不一定就是完美的人生，而沉湎于苦痛不能自拔的人生却注定会以悲剧而告终。只有不吝血汗、尽情挥洒豪情的人生才是完美的人生。

让我们抬起头来，正视自己天空中的乌云与狂风，用奔涌的血性、搏击的浩气走出阴晦的世界，去开创成功、实现梦想，领略那绝美的风景吧！

亲爱的朋友们，让我们大声唱起Beyond乐队的《坚持信念》这首歌，乘风破浪吧：

……

一生匆匆得到几多，谁能明白知足可拥有最多。

一失足的找错理想，随时随地失去比拥有更多。

若是面对种种诱惑，尽力用信心抵抗，用实力去争取胜利。

坚持信念，迎接挑战，只向前永不倦。

紧握信念，划破黑暗，真挚诚会更光！

用挑战赢得自强人生

人生在世，困难在所难免，有些人遇到困难就一声叹气：

"哎！我怎么这么倒霉！"有些人遇到困难坚强地说：我要打败你，要知道世界如此之美，我们要用美好的心灵去看世界。

生活总不是一帆风顺的，难免有些磕磕绊绊，如果你不能正确地面对它，它就会凌驾于你之上，让你无所适从。因此，我们要勇敢地面对它、挑战它。

小时候，我看见邻居姐姐弹钢琴觉得特别喜欢，就向妈妈要求自己要学钢琴。刚开始学的时候，真的特别开心，可是学了几个月之后，我对钢琴的感觉慢慢有了改变。

单调的音符，枯燥的练习。当小朋友在花园里玩耍嬉戏的时候，我却要坐在钢琴前跟钢琴说话。

对于贪玩年龄的我，可想而知，渐渐地，我对钢琴产生了厌恶，练习时越来越心不在焉，有时候还想：要是谁能把我的这架钢琴偷偷地抬走就好了。

可每到这时，妈妈总是语重心长地说："卉卉，做什么事情都要坚持，要有始有终，不要半途而废；这个世界上，没有一件事情是特别容易的，都要通过自己的努力才能做好。"

爸爸也鼓励我说："坚持就是胜利，有些困难你只要咬紧牙关就能挑战成功，挑战自己吧！"

是呀，别人能行，我为什么不行呢？我决定接受挑战。我开始发奋地练琴，我开始用心地感受那些音乐带给我的魅力，感觉那些音符带给我的快乐。

那些小小的音符简直就像一个个可爱的小精灵，随着美妙的音乐响起，我似乎看到了狂欢节上人们疯狂发泄自己快乐生活的情形，我还看到了可爱的粉刷匠在幸福劳作的情形。

从此以后，我在钢琴面前总摆出一张笑脸，不再苦闷，不再烦恼，我喜欢在别人面前展示我的琴声，也喜欢去参加各种各样的钢琴比赛，我也越来越自信，也拥有了很多成功的体验。

小女孩从本能地讨厌钢琴，再到理智地喜欢钢琴，这是一个自我挑战的过程。最终，她胜利了，并且变得越来越自信，越来越成功。这就是挑战的魔力！

挑战，是无惧失败的信念；挑战，是美好生活的开始；挑战，是对于生命的信心；挑战，是千山万水的壮丽。一场球赛的胜利，一次考试的成功，一次自我的飞跃……都要勇于挑战。

现实生活中，很多人只在乎结果，不注意挑战的过程，最终往往让自己一败涂地。其实，胜利与失败都不重要，只要你努力过了，勇于挑战，就是胜者。

这个挑战，不仅包括挑战别人，还包括挑战自己。而且，从根本上说，我们所有的挑战对象，都是我们自己。因为只有不断地挑战自己的极限，提高自己的能力，才能在面对别人的挑战时，取得胜利。

人生最大的敌人是自己。挑战是一种动力，敢于挑战自我是一种无畏的精神。我们无所畏惧，唯一的畏惧就是畏惧自己，所以战胜了自我就征服了一切。

只有充满自信的人才能真正挑战自我。信心是一只风筝的线，失去信心的人犹如失去线的风筝，一坠千里。但这根又弱又细的线却能把你抛入高空，使你重获生机，让你有挑战自我的资本。

人的生命似洪水在奔流，不遇着暗礁、岛屿难以激起美丽的浪花。苦难是块磨刀石，它能使你战斗的武器锋利无比，在身经百炼之后一切难题都会迎刃而解。

其实成功的关键不在于人生是否一帆风顺，而在于你是不是一个敢冲撞命运、勇于挑战自我的人。

人生总有倒霉的时候，失败又何尝不是一种倒霉？然而避免这种失败的最好方法就是决心获取成功。一经打击就灰心丧气的人永远是个失败者。没有雄心壮志的人，他们的生活缺少前进的动力，自然就不能指望他们有杰出的成就。

不敢挑战自我的人永远不会给自己任何机会，即使机会来临也茫然不觉。当然，上帝不会给我们太多。就连美国著名画家迪士尼，上帝也只给了他一只"米老鼠"，然而他抓住了"它"。

是的，上帝不会给得太多，但这并不是一句令人悲观的话，它让我们懂得怎样珍惜现有的机会。既然上帝不会给得太多，那么我们只有创造性地去获取。

弱者坐失良机，强者创造时机。这就是敢于挑战自我的人的成功秘诀。敢于挑战自我的人用挑战与来袭的种种苦难周旋，他们不仅经受得住失败，同时也经受得起成功。如果你把失败当清醒剂，就千万别把成功变成迷魂汤。

敢于挑战还要把握手中的每一天。昨天已过去，明天你还不知道，所以你能把握的只有今天。在时间的大钟上永远只有两个字——现在。所以我们绝不能放弃今天。即使今天是个沮丧的日子，它也是可庆幸的，因为今天是你可把握的。今天画下你生命的一道刻痕，所以最美。

人生千疮百孔，我们每个人都会遭遇许多不如意，总得靠自己挨过。常常怀疑人生若干个名词是人类虚设来安慰人的，用来对短暂、虚无、痛苦的生命做一点调剂。然而人生并不悲观，只要你能挑战自我，生命就不会只充满短暂、虚无与痛苦。

　　所谓靠山山倒，靠水水流，靠自己最好！我们要记住：别人只是你的一种辅助，而自己才是最重要的，自己把握自己的今天，敢于创造辉煌的明天，这才是挑战性的胜利，你才是笑到最后的人！

第三章

再苦也要笑一笑

　　笑是人生的一种境界。人生在世，谁都不可能一辈子顺风顺水，各种各样的磨难总是会出其不意地出现在我们的面前，但是无论世事如何多变，我们唯一不该忘记的就是要笑对人生。

　　笑对人生是一种智慧，即便生活给予我们很多不如意和不顺心，但是只要我们微笑面对，坦然处之，以积极乐观的人生态度去努力解决，那么，总有云过日出的明媚春天在等待着我们。

人生不可能一帆风顺

在人生的长河里，我们每个人都不可能总是一帆风顺、事事如意，各种干扰、困惑会经常伴随着我们。可以说，一个人身处逆境，在现实生活中是正常的现象。很多时候，我们并不能从别人的痛苦中学习到一切，就像俗语所说的那样，我们必须自己受苦，在逆境中成长。

我们应当学会从生命的每个不幸和艰难中不断学习，我们必须学会做一些事情。一些出其不意的机会，往往是在生命中最痛苦的经验里出现的。我们必须面对挑战，让奇迹发生。

意外事故、病痛以及诸如此类的其他挫折并非毫无意义。即使是在最严重的情况下，只要我们愿意去寻找，希望就会存在。即使身体受到伤害，在其后的复原期间，也会伴随着一种独特的内省，或者一个自我发现的机会。

临床心理学家梅尔文·金德写过许多畅销作品，例如《聪明女人／愚蠢选择》《男人爱的女人、男人离开的女人》《欲速则不达》。他形容儿时的一次意外事故如何给他留下深刻印象，最终为他打开创作生涯的大门。

11岁的时候，他跟邻家一个女孩进行骑自行车比赛。他们在宁静的街道上骑车，他骑在马路中间，企图闪开路上弯弯曲曲的坑洞。可突然间出现了一辆车子，迎头撞上了他。

据目击者形容，他当时被撞飞到6米高的空中，落地后一根约有12厘米长的断裂的白色大腿骨，刺进了他的大腿。他当然很惊恐，以为再也不能走路了，至少也会失去一条腿。他在医院住了3个月，医生保住了他的腿。

他出院时，身上从胸部到脚趾仍然还裹着石膏。接下来的6个月，他不得不躺在床上。之后的6个月，他又换了石膏，可以勉强用拐杖走路。起先他很难过，觉得很难看，并心里暗自认为，一定是以前做错了什么事，因为邻居的其他小孩并没有如此凄惨的遭遇。他变成了"跛子"，成了父母的负担。

同学们来探望他，他让妈妈以各种理由推托，不让同学看见他。他觉得，让同学看到自己现在的样子，很丢脸。他把自己封闭在一个狭小的空间里。慢慢地，他也认识到，再不能这样下去了，不能因为身体的残疾让心灵也变成残疾。

男孩把目光转向另一个世界，一个阅读文学、历史作品的世界。从此，他每隔两天就央求母亲给他买或是借几本文学历史类的书。徜徉在知识的海洋，他知道了希腊马拉松平原的战争，懂得了兰斯特洛的大无畏精神……

后来，他原本强健、迅速发育的身躯逐渐变得软弱无力了，但这并不再困扰他。复原的日子一长，他成了一名不屦足的读者。最后，他上了大学。对阅读的热爱与求知的欲望，为他此后杰出的学术成就铺了路，而这一切都归功于他在小时候的那次灾祸。

梅尔文·金德用事实向世人证明：在疾病面前，只要不向生活屈服，勇敢地选择坚强的生活，就永远不会被生活打败。只有经得起生活考验的人，才是真正的强者！

我们不必羡慕别人的成功，而应该积极地去争取属于自己的辉煌。一个人没有了金钱，可以靠双手去挣，但如果没有了坚强，那就只能任由困难将他击倒、再击倒，直到一无是处、一无所有。所以，坚强永远比金钱更珍贵，它是人生中一笔不可替代的财富。

为了让自己在人生的道路上能够走得顺、走得远，我们每一个人都应该学会坚强。那么，具体应该怎么做呢？

第一，我们要树立坚定的理想。理想是坚强的航标，是人生成功的蓝图和基石，是人生奋进的路标和动力。有了理想，生活才有方向。当然，有了理想之后，还要为之执着奋斗。

第二，要学会战胜自我。人总是有缺点的，但缺点是可以改正的。我们要勇于战胜自我，这是学会坚强的关键。

第三，要善于发现自己的长处和兴趣爱好。可以说，找到自己的长处和兴趣爱好，就很容易确定自己努力的方向，我们的主动性就能得到充分的发挥。可以说，找到自己的长处和兴趣爱好，是养成坚强性格的捷径。

第四，要持之以恒，善始善终。大凡获得成功的人都是许多年如一日，专心致志、坚忍不拔的人。俗语说"只要工夫深，铁杵磨成针"，愚公能移山，靠的就是恒心；王羲之从4岁开始练字最终成为一代书法大家靠的也是恒心。我们青少年还不够成熟，对短期目标尚能坚持，对较长期的目标则常常难以坚持到底，所以我们就更需要锻炼自己做事的恒心，这也是养成坚强性格的一项重要内容。

第五，正确对待失败、挫折、逆境和困难。在漫长的人生中，我们总会遇到逆境和困难，会遭受很多失败和挫折。可以这样说，再伟大的人，也遇到过失败和挫折。奥斯特洛夫斯基在双目失明、全身瘫痪的情况下，凭着坚强和毅力，克服了重重困难，完成巨著《钢铁是怎样炼成的》。他的坚强性格、顽强精神给后人留下了一笔宝贵的精神财富。可见，坚强的性格总是与克服困难联系在一起，克服困难的过程，最能表现一个人的意志和毅力。因此，我们在学习和生活中，应该正视失败、正视挫折，这些都有利于坚强性格的培养。

人生的道路曲曲折折，在以后的日子里，我们可能会成功，也可能遭遇困难与逆境。困难就像恶魔，我们越是害怕它，它越是张牙舞爪，但困难更是一块试金石，如果我们是一块真金，经过一次次的锤打和考验，就会变得更加坚强。

我们要挑战困难，用微笑面对困难；我们要经受磨炼，学会自立自强。虽然自强者未必都能成功，但"不自强而大成者，天下未之有也"。胜人者有力，自胜者强。青少年朋友，永不退缩，我们终究会成为人生道路上的强者。

苦难是我们最好的老师

在我们成长的道路上，会遇到很多的困难，但是无论面对怎样的逆境、多大的苦难，我们都不能放弃自己的信念和对生活的热情，我们只有经受住种种考验，才能获得坚强的性格。事实上，但凡具有坚强性格的人都经受了苦难的塑造，凤凰涅槃才能得以永生。

要知道，世界上的事情没有什么是可悲的，上帝也没有对谁不公平，即使生活中出现一些打击，我们也应该把这些事情当作是一种磨炼，只有这样，才不会为了某件事情而沉沦。

因此，在生活中，当我们觉得很失落的时候，可以多往好的方面想，在战胜苦难的过程中，我们才会有所收获。我们应该相信，只要选择了坚强，就不会被生活中的苦难所击倒。就像我们下面要讲到的这个男孩子一样。

有一个男孩子，家里世代都是农民，父母也没什么文化，过着面朝黄土背朝天的日子。这个男孩从小就很懂事，6岁时就已经能自己去村里的菜园买菜，还能帮妈妈编织挣钱。因为他的母亲有先天性心脏病，不能干重活，他就尽力为父母分担一些家里的负担。在艰苦的生活中，他养成了勤劳简朴和坚强独立的好习惯。

他学习很刻苦，成绩自小就很突出。尤其是小学四年级，他考了全镇第一名，还获得了市里的"希望之星"称号。父母很高兴，这是他第一次看到父母那么快乐。当时他就下定决心要好好学习，让父母的脸上有更多的笑容。

但是，在他上初中的时候，母亲的心脏病又一次发作了，而且病情十分严重，这对这个本来就不宽裕的家庭来说，真是雪上加霜。尽管日子如此艰难，但为了让他安心读书，父母仍尽了最大的努力。在苦难面前，他没有低头，而是更加刻苦地学习，也更加严格地要求自己。后来，他终于考上了理想的高中，和家人一起坚持渡过了难关。

由于学习成绩优秀，在上高中后，他连续两年获得校综合奖学金和"校三好学生"称号。这一切的收获都同他在苦难面前没有低头、选择坚强面对有很重要的关系。

后来有人采访他，他说："我感谢国家、社会、学校、村里的乡亲，还有我的父母，感谢所有关心和爱护我的人。我会更加努力使自己成才，早一天回报社会，帮助那些需要帮助的人。即使遇到更大的苦难和挫折，我也要坚强面对，同苦难做斗争，渡过重重难关。"

是啊，坚强的人在苦难面前是不会退缩的。

一般来说，大多在幼年常遇苦难阻碍的青少年，日后往往有发展；而从没有遇过苦难挫折的人，反而比较脆弱。因为，艰难困苦的环境能磨炼我们的意志，我们必须为了生存而克服各种困难，奋斗不止，为了取得成功，必须经受住失败的考验，因此，我们唯有选择坚强，忍受他人难以忍受的苦难，才能更好地解决问题，获得成功。

在茫茫无垠的沙漠里，骆驼像个哲学家一样，一边踱着步子，一边沉思着。在沙漠里，没有水，没有草，有时候还会风沙漫天，难辨方向。坚忍不拔的骆驼却总是能向前行走。

有一天，骆驼在沙漠里发现了一株仙人掌，惊异地停步问道："小家伙啊，你是怎么在这么恶劣的沙漠中生存的呢？"

仙人掌笑着反问说："嘻！大块头啊，那么你又是怎么在这沙漠中行走的呢？"

骆驼回答道："我啊，因为我能吃苦耐劳，经过长期的磨炼，形成了适应沙漠生活的特殊习性和身体机能，所以我能在沙漠里行走。你又是怎么做到的呢？"

仙人掌说："我同你一样，都是因为长期的锻炼，养成了抗旱耐渴的习性，拥有了适应沙漠生活的特殊机能，所以能适应沙漠中的生活。"

骆驼又发问道："你为什么身上长了这么多的刺？"

仙人掌笑着回答说："就是因为我满身生刺，才不会被动物吃掉。刺是我的叶子，这样的叶子不会使身体里储藏的水被蒸发掉，我不怕干旱，所以能够在沙漠里生存下来。"

骆驼听后认真地点了点头，带着敬意告别了仙人掌，向前走去，伴着沉思："不错，凡是能够在艰苦环境中生存下来的，都经过了无数次的磨炼，具有了百折不挠、战胜一切的意志和坚忍不拔的品质。"

那么，在日常生活中，当我们遇到苦难时，我们应怎么办呢？这个小故事中的骆驼和仙人掌都是我们的好老师。它们指导我们，在遇到苦难时，我们应选择坚强，勇敢地战胜困难，并且要适应不良的环境，最终才会渡过难关。

大自然里，这样的例子还有很多，如嫩绿的小草为了呼吸到地面的空气，能够用尽全力从石头缝中生长起来；又如河里的鱼儿为了寻找食物，常常逆着水流往上游。

自然科学家达尔文曾说过这样一句话："适者生存。"它的意思是生物必须学会适应糟糕的环境才能生存下来。对于我们来说，只有在苦难面前坚强起来，永不退缩，克服困难，才能使自己不断进步，才能有更好的发展。

我们要怎么做，才能在苦难面前使自己变得坚强呢？青少年可以从以下几个方面入手，进行自我培养。

第一，找出自己的不足。明确了自己的不足之处，就可以针对具体的问题进行自我修炼。

第二，培养丰富的情感。丰富的情感可以成为我们行为的支撑，因为丰富的情感使我们懂得爱生活，爱我们周围的人，为人处世，我们便多了一些热情，多了一些责任感，也就有了人们所说的"良心"。从而我们也会有勇气、有毅力克服困难，把事情做好。

第三，从小事做起。坚强的性格最终要在实践锻炼中才能获得，我们要让自己投身到各种实践中去，从小事着手培养自己坚强的性格。

在我们身边有些人既希望自己具有坚强的性格，又害怕平时遇到困难，事事讲舒服、图安逸，即使是去野外游玩，也吃不得半点苦。这样，坚强的性格将永远停留在遥远的彼岸，属于别人而不属于自己。

因此，我们要学会把眼前的困难当成锻炼自己的机会，用微笑来对待困难，在日常与困难的斗争中使自己坚强起来，要逐步养成自我检查、自我监督、自制的习惯。当自己犹豫时，使自己果断一些；当自己畏惧时，让自己"大胆些""不要怕""不要丧失信心""再坚持一下"。久而久之，我们就可以逐渐战胜自己的软弱，使自己的意志力达到新的高度。

不幸是人生的催化剂

日本宣布投降后的第二天，也就是1945年8月16日，玛丽·布朗太太走进位于加拿大渥太华的自家住宅，无边的寂静与空虚顿时包围了她。

若干年前，她的丈夫丧生于车轮之下。接着，与她住在一起的母亲也因病去世，更大的不幸还在后面：

"当许多钟声和汽笛声都在宣告和平再度降临的时候，我唯一的儿子达诺也猝然离开了人世。我已失去了丈夫和母亲，如今儿子一死，我在这个世界上已没有一个亲人了。"

"孩子的葬礼结束之后，我独自走进空荡荡的屋子里。我永远也不会忘记那种空虚的、无依无靠的感觉。我害怕今后的生活，害怕整个生活方式的完全改变。而最可怕的，莫过于我将与哀伤共度余生，这才是最让我感到恐惧的。"

接下去的一段日子，布朗太太完全生活在一种茫然的哀伤、恐惧和无依无助的感觉里。她迷惑又痛苦，全然不能接受所发生的一切。她继续描述道："渐渐地，我明白时间会帮助我治疗伤痛。只是时间太空虚了，我必须做些事来填补这些空虚，因此，我再度回去工作。"

"工作使人充实起来，我也逐渐对生活再度感兴趣，如朋友、同事等。一日清晨，我从睡梦中醒过来，忽然认识到所有不幸均已成为过去，以后的日子一定会变得更好。我知道用头撞墙的举止是愚蠢可笑的，是不能面对生活的弱者的做法。对于那些我无法改变的事实，时间已教会我如何承受。"

"这种心路历程进行得十分缓慢，不是几天或几个星期，而是一年、两年，但不管怎么说，它还是发生了。"

"多年过去了，当我回过头去再看那段生活，就会感到自己这只船只虽然历经一场巨大的风浪，如今又重新驶回风平浪静的海面上。"

往往很难让我们相信为什么布朗太太这样的悲剧会发生在我们身上。因此，当悲剧发生时最好先面对它们，接受它们。当布朗太太强迫自己接受失去家人的事实时，心理上便已预备要让时间来治疗这样的痛楚。抗拒命运就像把毒药倾倒在伤口上，是无法让自己开始新的生活的。

我们面对不幸的唯一方法就是接受它。当我们的生活被不幸的遭遇分割得支离破碎的时候，只有时间可以把这些碎片捡拾起来，并重新抚平。我们要给时间一个机会。在初受打击的时候，整个世界似乎停止运行，而我们的灾难也似乎永无止境。但苦难已经发生，时光难以逆转，活着的人总还得往前走，去履行生命计划中的种种目的。

我们只有完成了这些生命中的种种运作，痛楚便会逐渐减轻。终有一天，我们又能唤起以往快乐的回忆，并且感受到被护佑，而不是被伤害的感觉。要想克服不幸的阴影，时间是我们最好的盟友，但唯有我们把心灵敞开，完全接受那不可避免的命运，我们才不会沉溺在痛苦的深渊里难以自拔。

不幸遭遇并非都是扼杀人的刽子手，有时候，它还是促使我们采取行动的催化剂，对改善状况大有必要。它能使我们的才智变得灵敏，以帮助我们解决以前难以解决的问题。

印度的克里士纳说："人的幸福结局，并非是平淡、安稳的喜乐，而是轰轰烈烈地与不幸奋斗。"

人的生活会因"轰轰烈烈地与不幸奋斗"而变得更深沉、更多彩，也更丰盛。它会让我们挖掘出深藏在人性深处的资质。这些能力和资源只有经过大苦难、大悲大喜才会苏醒过来，为我们所用。莎士比亚在《哈姆雷特》一剧中便曾这么说过："要采取行动以抵制困境。只有对抗，才能结束困境。"

你见过美国西南地区的沙尘风暴地带吗？你见过那些无情的沙尘暴摧毁过多少农庄、破坏过多少人的生计吗？你曾感受过那些沙尘，见过那些沙尘，并且日复一日地吞食那些沙尘吗？

下面这个故事的主角便是一个自小生活在沙尘阴影下的男孩。他今年21岁，家就住在沙尘暴地带内，双亲为了生存，一生都在与风暴和干旱作斗争。

父母去世之后，年轻人便担负起养家的重担。直到有一天，他们实在到了山穷水尽的地步——没有农作物可以收，谷仓里一无所有，他们就要饿肚子了——年轻人眼望着破败的农舍，一筹莫展。忽然，他8岁的小妹妹开门走进来，身旁还跟着她的一个好朋友。"

"吉米，你可以给我10美分吗？"她热切地问道，"我们想到店里去买些饼干，我们每一个人需要10美分。"

吉米点点头——因为他想不出一个好理由来拒绝。但他没有10美分，搜遍了全身的口袋也找不到10美分。

他非常羞愧地说："妹妹，非常对不起，我没有10美分。"

当天晚上，吉米翻来覆去睡不着觉，因为他永远也忘不了妹妹脸上失望的表情。在他短短的人生历程中，他曾历经不少打击——

双亲去世、工人离职、沙尘暴的袭击……但没有一次像这样——他居然没有10美分可满足自己年幼的小妹妹……这么卑微的要求……自己的生活，改善自己的人生状况。就在天色将亮的时候，他终于下定了决心，并想好了整个计划。

吉米的理想是当一名教师。但是自从双亲过去之后，他想继承双亲的遗志担负起农场的工作。现在，眼见农场一再受到沙尘暴的摧残，农场的工作已难以为继。于是第二天，吉米到镇上给自己找了一份临时工作。

从那时起，他借来许多书，每天都认真地读到深夜，以准备有朝一日能得到他真正想要的工作——当一名教员。经过不懈的努力，后来他终于在一所乡村学校找到教职。由于他努力不懈，诲人不倦，赢得了邻居的赞美与尊敬。

这是一种不幸的形式——由于一名小女孩向她的兄长要10美分——这个事件驱使吉米改变生活的方向，并且突破了困难，最后终于达到自己所追求的目标。

人生最大的悲痛莫过于生离死别，但是有时候，某些行动却可以减轻与家人分离的痛楚。这是发生在密西西比州杰克森市一位克文顿太太身上的故事。克文顿太太有3个小孩，身体状况都不好，仅照顾他们就使她颇费心机。不幸的是，有一天他的家庭医师又告诉她，说她的丈夫得了一种严重的心脏病，随时都有病发身亡的危险。克文顿太太事后回忆说：

"我听了医师的话感到非常害怕，并且开始担忧。我晚上开始睡不着觉，没多久体重便减轻了15磅，医师认为我是过于神经质。一天晚上，我又睡不着觉，便自问自己这么担惊受怕是否能改变状况。到了第二天早上，我开始计划自己应该做些有用的事。

"由于我丈夫颇精于木工，能亲手做出许多种家具，所以我要求他替我做一张床头小桌。他答应下来，并且花了好几个下午认真去做。我注意到这种工作带给他极大的乐趣。小桌完成后，他又为朋友做了好几件家具。

"除此之外，我们还开辟了一片园地，开始种花种菜。我们把最好的收成都送给朋友，并尽量想出一些我们可以帮助别人的事来做。闲暇的时候，我们还坐下来讨论有关种植果树等种种计划。

"一日凌晨一点多钟的时候，我的丈夫突然病发逝世。我那时才体会到，其实最近这几年，我们一直把这可怕的压力放在一边，过着有生以来最快乐、最有意义的生活。我就是这样面对悲剧，并尽力用最好的方式来接受它、转化它。"

克文顿太太用超人的勇气和毅力来面对不幸，使她丈夫最后几年的岁月过得快乐又有意义，而她自己也因此留下一段美好的回忆。

要想摆脱不幸的阴影，最好的方法便是提升自己去帮助别人。有一位家住威斯康星州的太太，由于她把自己个人的伤痛化成力量，转而去帮助其他陷于痛苦的人，因此广受别人的敬重。这位太太的儿子是名飞行员，在第二次世界大战期间驾机迎敌血染长空，年仅23岁。

虽然这位母亲十分哀痛，却不需要别人的怜悯，她说道："我认识许多不快乐的母亲。她们有的因为孩子得了痉挛性瘫痪的疾病；有的则因孩子精神上或心理上不健全，无法正常为社会服务。当然，还有些妇女是想当母亲却一直无法如愿。我有幸拥有一个好儿子，并且与他共度了23年快乐的时光。我会把这些快乐的记忆永远保留在我的脑海里。现在，我要服从上帝的意旨，尽可能支持帮助其他需要救助的母亲。"

她真的是这么做的。她不辞辛劳地安慰那些因儿子出征而需要帮助的父母，或是出征者本人。"把自己的心思和精力用来帮助别人，你便没有时间去注意自己的烦恼。"这位母亲的所作所为正是成熟的标志，也是我们某些沉溺于苦难中的人应该学习的课程。

生命并不是一帆风顺的幸福之旅，"不幸"这个恶魔随时都可能向我们发起攻击。我们不能像鸵鸟一样把头埋在沙堆里面，拒绝面对各种麻烦。麻烦不会因此获得解决。苦难是人类生活的一部，只有实实在在地去面对，才是成熟的表现。

不成熟的人最常犯的过错，便是遇事不敢面对，一味退缩，一味害怕。许多小孩在游戏的时候，常因自己没有胜算便拒绝玩下去，成熟的成年人便不会如此，他们会一试再试，直到成功为止。

请看康涅狄格州诺维斯市长塞门讲的一个故事，内容是有关一名男孩虽然遭遇不幸，却仍然勇往直前的故事。塞门先生在大学时代有个室友名叫杰克，是个活泼有朝气的学生，后来却戏剧性地离大家远去。以下是赛门先生的叙述：

"杰克极有艺术天分，而且是个非常热心的学生。他参加学校各种表演活动，包括幕后工作与幕前的表演。他是学校各种年度表演的总召集人，他还在乐队担任鼓手，可以说是多才多艺的全能人才。离开学校之后，他到一家电视台工作，后来成为电视影片制作人。他极热爱自己的工作，每天都把全部精神和力气投到工作上面。

"一天，我突然接到朋友打来的电话，告诉我杰克去世了。这使我异常惊讶和悲痛。朋友告诉我杰克得了一种绝症，但他却从来没有让别人知道。从大学时代他便知道自己来日不多。我一想到杰克那时的热忱、风趣及积极参与各种活动的精神，实在唏嘘不已。从他身上，我学到了珍贵的一课：除非生命结束，否则绝不停止。"

杰克的故事使听到的人无不为之感动，也无不受到他的精神的鼓舞。他选择了最勇敢、最成熟的方法去面对难以拒绝的不幸遭遇。

在卡耐基成人训练班里，有位名叫迈克的学员讲了一个类似的故事：

1948年，迈克21岁，但已经可以进入军中服役，他在一次战役中受了严重的眼伤，眼睛因此看不见东西。虽然他承受这么大的伤害和痛楚，性格却十分开朗。他常常与其他病人开玩笑，并把自己配给到的香烟和糖果分赠给大家享用。

医生们为恢复迈克的视力尽到了最大的努力。一日，主治大夫亲自走进迈克的房间向他说道："迈克，你知道我一向喜欢向病人实话实说，从不欺骗他们。迈克，我现在要告诉你，你的视力是不能恢复了。"

时间似乎停止下来，房间里呈现可怕的静默。

"大夫，谢谢你！谢谢你告诉我实情。"迈克终于打破沉寂，平静地回答道，"其实，我一直都知道会有这个结果。非常感谢你们为我费了这么多心力。"

医生走后，迈克对他的朋友说道："我觉得我没有任何理由可以绝望。不错，我的眼睛瞎了，但我还听得见，还能讲话，而且我的身体强壮，还可以行走，双手也十分灵敏。何况，就我所知，政府可以协助我学得一技之长，以让我维持生计。我现在所需要的，就是调整自己的心态，迎接新的生活。"

这位拥有明亮视野的盲眼士兵，由于忙着计算自己所拥有的幸福，竟不屑花时间去诅咒自己的不幸。这便是100％的成熟，也就是我们要面对问题的方法。我们每个人有生之年都要面对这样的考验，无论是谁！

对那些面对厄运只会怜悯哀叹的人来说，这里只有一个答案："为什么不呢？"

上帝并不偏爱任何人。身为一个人，我们都会历经一些苦难，正好像我们也会历经许多快乐一样。生活的磨难早晚会使我们懂得：在受苦受难的经历里，我们每个人都是平等的。无论是国王或乞丐、诗人或农夫、男性或女性，当他们面对伤痛、失落、麻烦或苦难的时候，他们所承受的折磨都是一样的。无论是任何年纪，不成熟的人都会表现得特别痛苦或怨天尤人，因为他们至死都不明白，诸如生活中的种种苦难，像生、老、病、死或其他不幸，其实都是客观世界的自然现象，是每个人都避免不了的。

爱生活就要爱自己

美国著名医生史迈利·布兰敦说："适当程度的自爱对每一个正常人来说，都是健康的表现。为了从事工作或达到某种目标，适度关心自己是无可非议的。"

布兰敦医师的理论是正确的。要想活得健康、成熟，"喜欢你自己"是必要条件之一。喜欢自己，并不是"充满私欲"的自我满足。它仅仅是意味着"自我接受"，也就是接受自己的本来面目、自重和人性的尊严。

心理学家马斯洛在其著作《动机与个性》中也曾提到"自我接受"。他把它列入了心理学的最新概念:"新近心理学上的主要概念是:自发性、解除束缚、自然、自我接受、敏感和满足。"

成熟的人不会浪费时间比较自己和别人不同的地方,不会担忧自己不像比尔·史密斯那样有信心,或是像吉姆·琼斯那么积极进取。他可能有时会批评自己的表现,或觉察到自己的过错和效率低下,但他知道自己的目标和动机是对的,他仍愿意继续克服自己的弱点,向前奋进,而不是裹足不前。

成熟的人会适度地忍耐自己,正如他适度地忍耐别人一样。他不会因自己有缺点就痛不欲生。

喜欢自己,是否会像喜欢别人一样重要呢?回答是肯定的。憎恨每件事或每个人的人,只是显示出他们的阴暗和自我厌恶。

哥伦比亚大学教育学院的亚瑟·贾西教授,认为教育应该帮助孩童及成人了解自己,并且培养出健康的自我接受态度。他在其著作《面对自我的教师》中指出:教师的生活和工作充满了辛劳、满足、希望和心痛,因此,"自我接受"对每名教师来说,都是非常重要的。

据调查,目前全美国医院里的病床,有半数以上是被情绪或精神出了问题的人所占据。有资料表明,这些病人大都不喜欢自己,都不能与自己和谐地相处下去。

分析导致这种情况的各种因素并不是我要讲的内容,我只是认为,在这个充满竞争的社会,我们往往以物质上的成就来衡量人的价值。再加上名望的追求、枯燥乏味的工作,凡此种种,都容易使我们的精神产生疾病。我还坚信,由于普遍缺乏一种有力、持续的宗教信念，更使人们的精神无所依靠。

哈佛大学的心理学家罗伯·怀特，在其发人深省的著作《进步中的生命：有关个性自然成长的研究》中提到，现今有一种观念极为流行，那就是："人必须调整自己，以适应周遭环境的各种压力。"

怀特博士还说，这个观念是基于一种理想，也就是认为，"人能毫无问题地去适应各种狭窄的管道、单调的例行公事、强制性的规定及达成角色任务的种种压力，等等。但其采取的行动是否成功，则须看其是否具有拒绝、帮助成长或是改进角色的能力；并且要能创造、表现出积极的力量，说到底，就是在其成长过程当中，要具有创意性的方针和态度。"

怀特博士的论点十分令人赞赏。我们很少有勇气独树一帜，或很清楚明了自己究竟拥护什么主张。我们的行为通常受社交或经济族群的影响，如衣、食、住或思考的方式，大概都与邻居差不多。假如周遭环境与我们的个性有差异，有抵触，我们就会变得神经质或不快乐，就会感到失落和迷惑——就会虐待我们自己。

卡耐基成人训练班上的一位女学员便曾碰到这种情形。她的先生是位成功的律师，有野心，做事积极，也相当独裁。这对夫妇的社交圈子当然是以先生的朋友为主，也都是相同典型的人——都以声望和取得的成就来衡量人的价值。

这位太太个性十分安静、谦逊，这样的生活环境常常使她觉得自己十分渺小，不能发挥自己的长处；而她所具有的品质美德，也常常被忽略、被蔑视，因此她愈来愈对自己没有信心，也为自己不能达到别人的期望而痛苦不堪。渐渐地，她变得不珍爱自己。

这位女学员能够适应环境，但却不能适应她自己。她不能坦然地接受自己的本来面目，而期望能变成另一个与自己完全不同的人。她不明白的是：每个人都具有一定的作用，都可以在生活中表现出来。这种作用必须按照自己的个性表现出来，而不是模仿他人。什么时候明白了这点，她才会把失去的自我找回来。

她自我认同的第一步，是不再用别人的标准来评判自己，同时必须建立起自己的一套价值观点，然后以此为依据开始生活。她也必须学习如何与自己相处，不要常常批判自己、贬低自己。

不喜欢自己的人，外在表现的症状之一便是过度自我挑剔。适度的自我批评是健康的、有益的，对自我要求进步极有必要。但若超过一定的限度，则会影响我们的健康生活。

在卡耐基成人训练班上，有位女学员在下课之后跑来找老师，抱怨自己的演讲没有达到预期的效果。

她向老师诉苦说："当我站起来演讲的时候，突然显得很胆怯、很笨拙，而班上的其他学员似乎都显得泰然自若，很有信心。我想到自己的种种缺点，便失去了勇气，无法再讲下去了。"

她还继续分析自己的弱点，并说明得十分详细。

等她讲完之后，老师便告诉她原因的所在："并不是你演讲不好，而是你老想着自己的缺点，没有把长处发挥出来。"

其实，并不是缺点使我们的演讲、艺术作品或个人性格显得失败。莎士比亚的戏剧里有许多历史和地理上的错误；狄更斯的小说也有不少过度矫情的地方。但谁会去注意这些缺点呢？这些作品闪耀着不朽的光辉，是因为它们成就远远大于缺点，以至缺点都变得不重要了。我们爱我们的朋友，是因为他们的种种优点而不是缺点。

把注意力放在我们自身的好品质上。培养优点，克服弱点，如此才能不断进步并自我实践。当然，我们也要随时改正错误，但不必一直念念不忘。

耶稣遇到身体或精神受折磨的人后，他不会先去查问为什么这些人会如此，也不会只给予简单的同情说："可怜的人哪，你的运气真不好，环境处处与你做对。告诉我，你是如何落难的？"

耶稣没有这样做，而是直接切入问题的重点。他说："你的罪被赦免了，回家去吧，不要再犯罪了。"

人们常因以前和现在所犯的种种过错，加之自己心灵的罪恶感，而显得自惭形秽。我们不应该尊敬或喜爱这样的自己。为了让自己跳出这样的情境，我们必须忘记过去，轻装上阵。

为了学习喜欢自己，我们必须培养出面对自己缺点的耐心。这并不意味我们必须降低水准，变得懒惰、糊涂或不再努力。这是表示我们必须了解一个事实：没有人，包括我们自己能永远达到100%的成功率。期待别人完美是不公平的，期待自己完美更是愚蠢荒唐的。

有一位女士是地地道道的完美主义者。她对每件事都力求精确，因此凡事不肯相信别人，而必须自己亲自去做。她连做个小小的报告都要费去许多时间研究；至于演讲，就更要准备得精疲力竭为止。她讨厌不速之客去打扰她，每次请客都要事前计划得尽善尽美，这一位女士费了这么大的苦心，终于把每件事都料理得井井有条，十分完美，一种冷酷的机械性的完美，没有欢乐、自在或温情。这样的完美，只能令人敬而远之。

要求自己时时保持完美其实是一种残酷的自我主义。其深一层的意思是，我们不能仅表现得和别人一样好，而是要超越其他人，要像明星一样闪闪发亮。我们的重点不是自我发挥，不是为了把事情弄好；我们注重的是要胜过别人，使自己达到凌驾于他人之上的独特地位。

作为一个凡人，完美主义者也如同一般人一样会犯错，会失败。但他们不能忍受这样的状况，因此会变得痛恨自己，不喜欢自己。

这样苛待自己是错误的。有时候，我们要练习自我放松，认识到自己的某些错误，要学习喜欢自己。

独处也是学习喜欢自己的好方法。马里兰州巴尔的摩"赛顿心理学院"的医疗主任李奥·巴德莫医师曾写过："有人喜欢在晚上休息时反思当日的种种活动。这种独思冥想的习惯，显然是学习如何与自己相处的好方法。"

在生活中，我们只有能与自己好好相处，才能期望与别人也能好好相处。哈里·佛斯迪克曾经观察那些不能独处的人，形容他们好像"被风吹袭的池水一样，无法反映出美丽的风景来"。

独处是使自己的心灵憩息的港湾，是反省自己的最佳方法，是我们与外界接触的基础。安妮·马萝·林柏在其著作《来自海洋的礼物》中曾说过："我们只有在与自己内心相沟通的时候，才能与他人沟通。对我来说，我的内心就像幽静的泉水，只有内省时才能呈现其独特的魅力。"

独处能使我们更客观地透视自己的生命。《圣经》里有一句忠言："要安静，便可知道我就是神。"这话乃至理名言。

独处对我们的心灵运动十分有益处，就好像新鲜空气对我们的身体极有益处一样。

有人希望依赖别人得到快乐与满足，这无疑会为他人增添负担，并影响到彼此之间的关系。我们应该喜欢、尊重、欣赏我们自已，只有做到这一点才能培养出健康成熟的个性，也能增进与他人相处的能力。

把负能量变为正能量

如何才能快乐地生活下去呢？芝加哥大学校长罗伯特·哈金先生说："我一直按照一个小小的忠告去做，这是已故的西尔斯百货公司董事长朱利亚斯·罗森沃德告诉我的。他说：如果你手中有个柠檬，何妨榨杯柠檬汁！"

伟大的人物都采取那位芝加哥校长的做法，但是一般人的做法则相去甚远。要是他发现生命给他的只是一个柠檬，他就会自暴自弃地说："我完了！这就是命运。我连一点机会也没有。"然后他就开始诅咒这个世界，开始自怨自艾，自暴自弃。

可是，当聪明人拿到一个柠檬的时候，他就会说："从这次失败之中，我可以学到什么呢？怎样才能吃一堑，长一智，怎样才能把这个柠檬做成一杯柠檬汁呢？"

伟大的心理学家阿德勒花了一生的时间来研究人类和人们所隐藏的保留能力。最后宣称发现人类最奇妙的特性是"把负变为正的力量"。

下面要讲述的这位女士的经历正好印证了那句话。这位女士是瑟尔玛·汤普森。

"战时，我丈夫驻防加利福尼亚州沙漠的陆军基地。为了能经常与他相聚，我搬到附近去住。那实在是个可憎的地方，我简直没见过比那更糟糕的地方。我丈夫出外参加演习时，我就只好一个人待在那间小房子里。那里热得要命——仙人掌树荫下的温度高达华氏125度，没有一个可以谈话的人。风沙很大，所有我吃的、呼吸的都充满了沙尘！

"我觉得自己倒霉到了极点，觉得自己好可怜，于是我写信给我父母，告诉他们我放弃了，准备回家，我一分钟也不能再忍受了，我情愿去坐牢也不想待在这个鬼地方。我父亲的回信只有3行，这几句话常常萦绕在我心中，并改变了我的一生。

"有两个人从铁窗朝外望去，一个人看到的是满地的泥泞，另一个人却看到满天的繁星。

"我把这几句话反复念了好几遍，我觉得自己很丢脸。决定找出自己目前处境的有利之处，我要找寻那一片星空。

"我开始与当地居民交朋友，他们的反应令我心动。当我对他们的编织与陶艺表现出极大的兴趣时，他们会把拒绝卖给游客的心爱之物送给我。我研究各式各样的仙人掌及当地植物。我试着多认识土拨鼠，我观看沙漠的黄昏，找寻300万年前的贝壳化石，原来这片沙漠在300万年前曾是海底。

"是什么带来了这些惊人的改变呢？沙漠并没有发生改变，改变的只是我自己。因为我的态度改变了，正是这种改变使我有了一段精彩的人生经历。我所发现的新天地令我觉得既刺激又兴奋。我着手写一本书——一本小说。我逃出了自筑的牢狱，找到了美丽的星辰。"

瑟尔玛·汤普森所发现的正是耶稣诞生前500年希腊人发现的真理："最美好的事往往也是最困难的。"

20世纪的哈里·爱默生·佛斯狄克也这样说："快乐大部分并

不是享受，而是胜利。"不错，这种胜利来自于一种成就感，一种得意，也来自于我们能把柠檬榨成柠檬汁。

不知你是否听说过佛罗里达州那位快乐的农夫？他甚至把一个毒柠檬做成了甜柠檬汁。这位农夫用多年积攒的钱买下了一片农场，结果令他非常颓丧。

那块地既不能种水果，也不能养猪，能生长的只有白杨树及响尾蛇。后来他想到了一个好主意，他要把那些响尾蛇变成他的资源。他的做法使每一个人都很吃惊，因为他开始生产响尾蛇肉罐头。

还不仅如此，每年来参观他的响尾蛇农场的游客差不多有20000人。他的生意做得非常大。他将响尾蛇所取出来的蛇毒，运送到各大药厂去做蛇毒的血清；将响尾蛇皮以很高的价钱卖出去做女人的鞋子和皮包；将装着响尾蛇肉的罐头销到了世界各地。更令人惊奇的是，这个村子后来改名为"佛罗里达州响尾蛇村"。可见，当地人是多么尊敬这位把毒柠檬做成了甜柠檬汁的先生！

在世界各地，有许多"把负变正"的男人和女人。

已故的威廉·伯利梭生前曾经这样说过："生命中最重要的一件事就是不要把你的收入拿来算做资本，任何一个人都会这样做。真正重要的是要从你的损失中去获利。这就需要有才智才行，聪明人和傻子的区别就在这里。"伯利梭曾在一次火车失事中摔断了一条腿。

不过，还有一个断掉两条腿的人，也把负的转为正的。他的名字叫本·佛森。尽管他断了两条腿而坐在轮椅里，但他看上去却非常开心。下面就是他所讲述的故事。

"事情发生在1929年，我砍了一大堆胡桃木的枝干，准备做我的菜园里豆子的撑架。我把那些胡桃木枝干装在我的福特车上，开车回家。中途，一根树枝滑到车下，卡在车轴上，当时正是在车子急转弯的时候。车子冲出路外，我撞在一棵树上。我的脊椎受了伤，两条腿再也站不起来了。

"那一年我才24岁，从那时起我就再没有走过一步路。"

那么年轻就被判终身坐着轮椅过活。他怎么能够这样勇敢地接受这个事实，"我当时也确实难以接受。整个心中充满了愤恨和难过，每天都在抱怨命运对自己的不公待遇。可是随着时间一年年过去，我终于发现愤恨使我什么也做不成，只有使自己的脾气见长。我体会到，大家对我那么好，那么有礼貌，所以我至少应该做到一点，对别人也很有礼貌。"

随着时间的流逝，佛森是否还觉得他所碰到的那一次意外是一次很可怕的不幸？"不会了，相反，我现在还很庆幸有过那一次经历。"

当佛森克服了当时的震惊和悔恨之后，就开始生活在一个完全不同的世界里。他开始看书，对好的文学作品产生了喜爱。在14年里，他至少读了一千四百多本书，这些书为他带来了一个新奇的世界，使他的生活比他以前所想到的更为丰富。他开始聆听很多好音乐，以前让他觉得烦闷的伟大的交响曲，现在都能使他非常的感动。

更为重要的是，他现在有时间去思想。"有生以来第一次，我能让自己仔细地看看这个世界，有了真正的价值观；我开始了解，以往我所追求的事情，大部分实际上一点价值也没有。"

读书思考的结果，使他对政治有了兴趣。他研究公共问题，坐着轮椅去发表演说。由此他认识了很多人，很多人也认识了他。后来，本·佛森仍然坐着他的轮椅做了佐治亚州州务卿。

现在，很多人都有一个很大的遗憾，就是没有机会接受大学教育。他们似乎认为未进大学是一种缺陷。但告诉你一个跌破大牙的事实，许多成功的人士都没上过大学，因此，上不上大学并没有这么重要。有谁听说过传奇人物阿尔·史密斯的故事？

史密斯的童年非常贫困。父亲去世后，靠父亲的朋友帮忙才得以安葬。他的母亲每天必须在一家制伞工厂工作10小时，再带些零工回来做，做到晚上11点钟。

他就是在这种环境下长大的，有一次他参加教会的戏剧表演，觉得表演非常有趣，于是就开始训练自己在公众场合演说的能力。后来他也因此进入了政界。

30岁时，他已当选为纽约州议员。不过对接受这样的重大的责任，他其实还没有准备妥当。事实上，他还搞不清楚州议员应该做些什么。他开始研读冗长复杂的法案，这些法案对他来说，就跟天书一样。

他被选为森林委员会的一员，可是他从来不了解森林，所以他非常担心。他又被选入银行委员会，可是他连银行账户也没有，因此他十分茫然。

如果不是耻于向母亲承认自己的挫折感，史密斯先生可能早就辞职不干了。绝望中，他决定一天研读16个小时，把自己无知的酸柠檬，做成知识的甜柠檬汁。因为这种努力，他由一位地方政治人物提升为全国性的政治人物，他的表现如此杰出，连《纽约时报》都尊称他是"纽约市最可敬爱的市民"。

这位传奇人物就是阿尔·史密斯。

在阿尔开始自我教育后的10年，他成为纽约州政府的活字典。

他曾连续任4届纽约州长，当时还没有人拥有这样的纪录。1928年，他当选为民主党总统候选人。包括哥伦比亚大学及哈佛大学在内的6所著名大学，都曾颁授荣誉学位给这位年少失学的人。

如果史密斯先生不是每天勤读16个小时，把他的缺失弥补过来，他绝对不会有后来的成就。

尼采对超人的定义是："不仅是在必要情况之下忍受一切，而且还要喜爱挑战这种情况。"

如果你对那些事业有成者做过深入的研究，就会深刻地感觉到，他们之中有非常多的人之所以成功，是因为他们开始的时候都有一些会阻碍到他们的缺陷，促使他们加倍地努力而得到更多的报偿。正如威廉·詹姆森所说："我们的缺陷对我们有意外的帮助。"

是的！很可能弥尔顿就是因为瞎了眼，才能写出更好的诗篇来。贝多芬因为聋了，才能作出更好的曲子。

海伦·凯勒之所以能有光辉的成就，也就因为她的瞎和聋。

如果柴可夫斯基不是那么的痛苦——他那个悲剧性的婚姻几乎使他濒临自杀的边缘——如果他自己的生活不是那么的悲惨，他也许永远不能写出他那首不朽的《悲怆交响曲》。

如果陀思妥耶夫斯基和托尔斯泰的生活不是那样的充满悲惨，他们可能也永远写不出那些不朽的小说。开创生命科学的达尔文也说："如果我不是那么无能，我也许不会做到我所完成的这么多工作。"很显然，他坦诚自己受到过缺陷的刺激。

达尔文在英国诞生的同一天，在美国肯塔基州森林里的一个小木屋里也降生了一个孩子。他也是受到自己缺陷所激发而成就了一世伟业。他就是亚伯拉罕·林肯。

如果他出生在一个贵族家庭，在哈佛大学法学院得到学位，又有幸福美满的婚姻生活的话，他也许绝不可能在他心底深处找出那些在葛底斯堡所发表的不朽演说。也不会有在他第二次政治演说上的所说的那句如诗般的名言——这是美国的统治者所说过的最美也最高贵的话："不要对任何人怀有恶意，而要对每个人怀有喜爱……"

佛斯狄克在其著作中提到："有一句斯堪的纳维亚地区的俗语说，冰冷的北极风造就了爱斯基摩人。我们什么时候相信人们会因为舒适的日子，没有任何困难而觉得快乐？刚好相反，一个自怜的人即使舒服地靠在沙发上，也不会停止自怜。反倒是不计环境优劣的人常能快乐，他们极富个人的责任，从不逃避。我要再强调一遍——坚毅的爱斯基摩人是冰冷的北极风所造就的。"

如果我们真的灰心到看不出有任何转变的希望——这里有两个我们起码应该一试的理由，这两个理由保证我们试了只有更好，不会更坏。

第一个理由：我们可能成功。

第二个理由：即使未能成功，这种努力的本身已迫使我们向前看，而不是只会悔恨，它会驱除消极的想法，代之以积极的思想。它激发创造力，促使我们忙碌，也就没有时间与心情去为那些已成过去的事忧伤了。

世界著名的小提琴家欧尔·布尔在巴黎的一次音乐会上，忽然小提琴的琴弦断了一根，他面不改色地以剩余的三条弦演奏完全曲。佛斯狄克说："这就是人生，断了一条弦，你还能以剩余的三条弦继续演奏。"

这不只是人生，这是超越人生，是生命的凯歌！

威廉·伯利梭的这句话说得非常好，应该刻在铜板上，挂在每一所学校的教室里："生命中最重要的一件事，就是不要把你的收入拿来算作资本。任何一个人都会这样做。真正重要的是要从你的损失中获利。这就需要有才智才行，聪明人和傻子的区别就在这里"。

用挫折锻造刚毅的性格

荀子在《劝学》中说："锲而不舍，朽木不折；锲而不舍，金石可镂。"这句话充分地说明了刚毅的性格对于人生的极大作用。

人们不论是学会适应无常的生活，还是迎接时代的挑战，又或是获取个人的成功，都需要拥有坚强刚毅的性格。

这种性格是通向成功的钥匙，没有它，人们就会像没有翅膀的鸟儿，始终无法飞向蔚蓝的天空。面对满地荆棘的人生道路，只有坚强的意志才能助你成功。

一直以来，人们欣赏无所畏惧的英雄，歌颂征战沙场的勇士。面对挫折，有些人是坦然面对、倍加珍惜，把挫折视为人生路上的不懈动力。勇敢地接受上苍的微笑，因为是成功路上上苍给了我们恩赐。挫折是人生旅途中的一座七彩桥，无论有多少沟沟坎坎，有了这座桥，你便可以顺利地跨越，步入理想的自由王国，实现人生的价值和辉煌。

挫折也是磨砺刚毅性格的一块巨石，利用它，你可在砥砺精神的刀锋，开掘生命的金矿，从自信、乐观、勇敢、诚实、坚韧之中找到人生的方向。

人生中遇到挫折就像大自然中的刮风下雨，谁都无法避免。有的人，被风雨击倒了，被挫折征服了，被困难吓倒了，他的人生从此就变得灰暗了。而有的人，接受了风雨的洗礼，经历了挫折的磨炼，战败了困难的挑战，他的人生从此便一片光明。

世界上最伟大的音乐家贝多芬一生创作出大量流传千古的交响乐，一直被后人称为"交响乐之王"。但贝多芬的一生充满了痛苦：父亲的酗酒和母亲的早逝，使他从小失去了童年的幸福。当别人家的孩子还在无忧无虑地享受欢乐和爱抚的时候，他却必须得像大人一样承担起整个家庭的重任，并且成功地维持了这个差点陷入破灭的家庭。

也许是屋漏偏逢连夜雨，也许是祸不单行的缘故。正处于青春年华的贝多芬，他失意孤独；也正当他步入创造力鼎盛的中年时，他又患耳疾，双耳失聪。对于一个音乐家来说，还有比突然耳聋的打击更沉重的吗？

贝多芬一生中几次濒临崩溃的境地，他在32岁时就写下了令人心碎的遗嘱。但他顽强地战胜了命运的打击，他大声呼喊："我要扼住命运的咽喉，它绝不能把我完全摧倒。"即便是在困难重重最痛苦的时候，他还是凭着自己的坚强斗志完成了清明恬静但是激昂奋进的《第二交响曲》。

贝多芬一生历经无数挫折磨难，但是，每一次痛苦和哀伤在经过他的搏击和战斗后，都化为欢乐的音符，谱写成壮丽的乐章。一个饱经沧桑和不幸的人，却终生讴歌欢乐，鼓舞人们勇敢向上，这是何等超人的勇气，何等坚毅的精神，何等伟大的人格！

在贝多芬的日记里，永远记着一句话，那就是："谁想收获欢乐，那就得播种眼泪。”的确，贝多芬的一生，本身就是一部同世界、同命运、同自己的灵魂进行不懈斗争的雄浑宏伟的交响曲。

其实贝多芬的故事无不在向我们说着这样一个道理：这个世界，确实存在太多问题，也许有太多不如意，但是生活还是要继续。无论面临什么样的挫折，都可以看作是上帝给予的恩赐，目的是要锻炼自己。

古人说：天将降大任于是人也，必先苦其心志。心里充满阳光，世界也会充满阳光。也就是说每个人的一生中都会有困难和挫折，唯有抱着积极的态度，才能战胜挫折。

在遭遇挫折、面对困难时，没有必要停滞不前、意志消沉。如同一个突遇风雨的登山者，对于风雨，逃避它，你只有被卷入洪流；迎向它，你却能获得生存。经历过挫折，生命也就会平添了一份色彩，多一份磨炼，就多一段乐章。多一份精神食粮和财富。历经挫折的人，更知道怎样去珍惜生活，更明白生活蕴含的哲理。因为挫折是一道迷人的风景，永远装点奋发的人生。

每个人在生活当中，都会不可避免地遇到一些挫折困难。对此，我们绝不能低头，而应以一种积极的心态，理智、客观地分析挫折产生的原因，并采取恰当的方法来克服挫折。感谢挫折，生活因此而丰富，人生的体验依次而深刻，生命也因此而更趋完美。

不经历风雨怎么见彩虹。其实没有人能够随随便便成功，只要我们以积极健康的心态去面对困难和挫折，就可以做到“不在失败中倒下，而在挫折中奋起”。没有登不上的山峰，也没有蹚不过去的河流。

逆境与顺境，从来就是人生之旅中的常客，谁也不可能一帆风顺地走到生命的尽头。害怕失败，失败就会无处不在；挑战逆境，成功之门就会随时为你打开。没有经历苦难的考验，人永远品味不出幸福生活的意义；只有经过挫折的锤炼，人才会珍惜得到的收获。所以勇敢者才能在不断的失败中获得经验，挑战者才能最终走出阴影和黑暗，拥抱光明的未来。

几年前，河南一个农村家庭遭受重大变故：父亲突发间歇性精神病，饱受伤痛的母亲不辞而别，家中还有一个年幼的弟弟和父亲病后捡到的遗弃女婴需要照顾……

这个家庭的重担压在当时只有12岁的长子洪战辉身上。十年如一日，洪战辉一边读书一边克服难以想象的困难，照看时常发病的父亲，抚养捡到的妹妹……

面对这样的变故，他承受了常人难以承受的痛苦，受住了常人难以想象的重担。父亲、妹妹、生活的重担压在他稚嫩的肩膀上，他唯一能做的只是坚持，再坚持！

在日记中，他这样写道："我会坚持，我觉得每个人都有责任，不但对自己、对家庭，还有对社会。只是默默地走，不愿放弃。"

一份责任让他支撑住，一种永不言弃的心态，让他逐渐成熟，几度面临辍学，他没有放弃，而是凭着自己的一双手，艰难地维持着妹妹的生活、父亲的疾病、自己的学业，这看似没有可能的事情被他在汗与血与泪中见证着。

洪占辉曾说过："漫漫人生路总会与挫折碰面，但我明白，鱼儿要游弋于大海，接受惊涛骇浪的洗礼，才会有鱼跃龙门的美丽传说；雄鹰要翱翔于蓝天，接受风刀雪剑的磨砺，才能拥有叱咤风云的豪迈。"

如此艰难的生活让他拥有了刚毅坚强的性格，以至于在人们向他伸出援助之手时，他选择了拒绝，"不接受捐款，是因为我觉得一个人自立、自强才是最重要的！苦难和痛苦的经历并不是我接受一切捐助的资本。一个人通过自己的奋斗改变自己劣势的现状才是最重要的。"

他是这么说的，也是这么做的，虽然在最困难的时候想过退缩，但最终还是决定了要自强不息，用自己的力量来证明自己的价值。因为他明白只有经过地狱的炼造，才能造出天堂的美好。只有流血的手指，才能弹出世间的绝唱。

美国伟大的演说家爱默生曾说过："每种挫折或不利的突变，是带着同样或较大的有利的种子。"古希腊的伟大的哲学家毕达哥拉斯也曾说过："短时期的挫折比短时间的成功好。"

而生活中这样的人还有很多："当代保尔"张海迪已与病魔抗争了40多个春秋，带给人们宝贵的精神财富和热情洋溢的笑容。在艰辛和病痛面前，他们选择了独立和坚强，选择了责任和担当。在他们看来，只要脊梁不弯，就没有扛不起的重担；只要精神不垮，就没有解不开的难题。

"自古雄才多磨难"，面对挫折，我们应当拿出勇气和耐心，主动出击，迎接挑战，直面挫折，笑对挫折，把挫折当作前进中的踏脚石。然后拥抱胜利。因为挫折是福，注定在我们的岁月中搏击风浪、经历考验奠定更加坚固的基础，谱写出美好的人生之歌。

一个人应该知道自己能够做什么，应该做什么，必须做什么，更应该知道不应该做什么，不要做什么。因而，保持清醒的头脑远比聪明的脑袋更为重要。一个人如果能在坚持与放弃间保持一份清醒，那么成功就在前方的不远处等待着你，微笑着向你招手……

挫折不仅是财富，而且挫折是上帝给我们的恩赐，所以挫折不可怕，可怕的是没有正视它。因为挫折就像一面镜子，你的态度如何，决定了人生的结果如何。挫折会让懦弱者更加懦弱，却让坚强者更加坚强；让自卑者彻底丧失斗志，却让自信者激发挑战的勇气。其实，挫折并不可怕，只要我们勇敢面对，你会发现，生活永远向你微笑！

以失败搭建成功天梯

在人生的奋斗中，每个人都在追求成功，追求完美。但不是说成功就能成功，要成功就必须努力。在这个努力的过程中经常会遇到失败和挫折。失败乃成功之母。成功的金字塔，高大巍峨壮观，却由一块块失败巨石筑就而成。成功，是彗星划过夜空短暂的璀璨辉煌；失败，则是永恒的灰暗苍穹。

有的人害怕失败，那么只能一事无成。只有不怕失败，才能到达成功的彼岸！失败只是偶尔拨不通的电话号码，多尝试总会拨通的。在每个人的成长过程中总会多次遇到挫折和失败，同时也会领悟到人生的真谛和成功的来之不易。

其实，失败与成功之间只是一线之隔，但是人跨过去，却是一个艰难的过程。有人曾把这个过程比作桥梁，只要不怕失败，勇于攀登，奋勇向前，一定会通过它而走向成功。

人们常说，失败是成功之母。失败便孕育着成功。可世人多以成败论英雄，成者王侯败者寇。但在中外历史上，以失败成为悲剧英雄的却大有人在，如被囚禁并老死孤岛上的拿破仑；还有败走麦城、最终身首异处的关羽；四面楚歌、垓下自刎的项羽。事实上，失败对于一个人是十分重要的。一个人在一生中是不可能事事成功的，失败是常事，因此要敢于面对失败，有很强的担当失败的心理素质。

成功不是一个海港，而是一次埋伏着许多危险的旅程，人生的赌注就是在这次旅程中要做个赢家，成功永远属于不怕失败的人。因为不论任何时候，失败都只是成功的兄弟，成功总是会伴随着失败，但同时也正是因为无数次失败之后我们才迎来了成功。所以说成功和失败就是两个形影不离、时刻相伴的兄弟。不怕失败，失败了再重来，这是才最明智的选择。

纵观悠悠历史，失败的例子不胜枚举。几乎每一个人做每一件事，都可能失败，如果害怕失败，那么只能什么也不干。只有不怕失败，才能取得事业的成功。失败与成功之间往往有一个艰难曲折的过程，有人把它比作桥梁。古今中外有不少人就是通过这座桥梁才走向成功的。

任何一个成功的人在各种紧要关头，都具有临危不惧、不怕失败、顽强拼搏的精神，都能在最艰难的时候，不灰心丧气，并能不断地在失败中认真总结教训，迎难而上，化耻辱为动力，从而增加了成功的机会。而青少年更应该懂得这个道理。

著名科学家居里夫妇，在提取新元素的实验中，虽然一次又一次地失败，可他们却毫不气馁，信心十足，不断总结，坚持试验。他们终于成功了，发现了镭。在中国近、现代的革命史上，这样的例子屡见不鲜。孙中山先生实践了自己的誓言"愈挫愈奋"，最终推翻了清王朝；中国共产党不怕失败，领导人民走向了胜利的道路。

中国有一句话叫"失败是成功之母"。失败是成功之母，没有失败哪有成功？人的一生并不是一帆风顺的，不可能只有成功没有失败。重要的是失败后不能气馁，要从失败中走出来，坚持不懈地努力，就会走向成功！他们的可贵之处就在于跌倒之后有所领悟，而不是莫名其妙地爬起来。每个人都会面临各种挑战，各种机会，各种挫折，这时候你的抉择，你承受的挫折的能力，就是你未来的命运。

"失败乃成功之母"，天下没有一个人不经过失败而到达理想的彼岸。连动物、植物在生存中也为生活尝到了很多失败。但成功需要激励。面对失败或成功的结果，"失败与成功本身，都是成长中必须面对的经历，关键是你能否从中获取做人做事的教训，从中感悟解决困难、战胜自我的经验，从中增强继续努力争取成功的信念。"

就像弱小的蜘蛛为了建造自己的一个家，尝过多少挫折和失败？不知道多少次，它辛辛苦苦织出的网，被大风大雨损毁，被人类损毁，但是它从来没有放弃，而是毫不气馁，信心十足，不断地坚持，终于建成了自己的家！

其实，失败并不可怕，把每一次失败都看作新的起点，坚持不懈，加倍努力，一定会达到胜利的彼岸。失败只是暂时的，鼓起勇气，战胜新的困难，去迎接胜利的明天。笑到最后才是笑得最好的。从这个意义上说，失败者同样光荣。

被人们称为"炸药大王"的诺贝尔为了研究炸药，曾经被炸伤过好几次，付出了沉重的代价，也没有成功。他没有气馁，一次次重复着各种实验，终于发明了炸药。他为世界做出了巨大的贡献。正是从一次次的失败中走出来，他才获得了成功。

春秋时期的越王勾践，曾经被吴国打得大败，成了吴王的奴仆。面对这样惨重的失败他不是从此消沉，而是卧薪尝胆，从失败中吸取教训，积累力量，终于战胜了吴国。所以请相信，失败是成功之母。只要你能从失败中走出来，就会走向成功！

　　"不经一番寒彻骨，哪得梅花扑鼻香。"每一个成功者都经过了无数次的考验和失败，但是他们都挺起了胸膛，无所畏惧。所以他们获得了成功！每个人心中都有一个梦，要把握住生命中的每一分钟来圆自己的梦。没有人可以随便成功，连丑小鸭也是经过了无数的挫折才变成美丽的白天鹅，成功是要付出代价的！

　　一个烈日炎炎的下午，一位饱受烈日暴晒之苦的人，汗流浃背地拎着两大盒领带，疲惫不堪地走在香港尖沙咀旅游区的洋服店一带兜售。他已经辛苦地奔跑了一个下午，跑了十几家店铺，却毫无所获。

　　当他又走进一家洋服店时，那个洋服店的老板正在十分殷勤地做一位客人的生意。他不知道别人在做生意时，是不准别人打扰的，便拎着领带走进了店里。洋服店的老板像见到瘟神一样，恶狠狠地大声吼叫着把他赶了出去。他见到自己像要饭的乞丐一样遭人呵斥，被人驱赶，一种百感交集的酸楚涌上心头。

　　没有人来抚慰他，帮助他，他以最快的速度擦去不断夺眶而出的热泪。但他没有半点退缩的余地，他独自舔着流血的伤口，依然重新展露出笑颜，继续走街串户，兜售领带。

　　当人们历经千辛万苦，终于攀登上梦想中成功巅峰时，短暂的狂喜激动过后，迎接成功者的将是更加严峻的挑战与失败，所以才上演了一幕幕失败、成功，再失败、再成功……这样永无休止的交替轮回，而更加美丽迷人的成功女神，在远方呼唤吸引着人们！那些成功的人也正在不断地书写着虽败犹荣的历史画卷。

多少个成功者的事例激励着我们走向成功。"不经历风雨，怎么见彩虹。"没有人可以随便成功。只要坚持我们的信念就一定会成功，梦想并不遥远，只要肯付出汗水，你不会失败的！相信自己就是成功者！

由于他敢于面对现实，对事业有着锲而不舍的奋斗精神，终于成了一个赢家。他就是海内外知名的领带大王，香港"金利来"集团主席曾宪梓。可见，失败并不可怕，可怕的是自己不敢面对失败、害怕失败，遇到困难就想放弃。

只要把每一次的失败都看作新的起点，看作新的动力，坚持不懈，加倍努力，就一定能成功。在艰难的人生道路上，越是遇到失败越要振作，越要拼搏。其实，失败只是短暂的，只要鼓起勇气，去战胜困难，就一定能迎接胜利的明天！

人生没有过不去的坎

一位哲人说："你的心态就是你真正的主人。"一位伟人说："要么你去驾驭生命，要么是生命驾驭你。你的心态决定谁是坐骑，谁是骑师。"笑对人生是一种境界。欲说笑对人生，得先说说人间愁事、痛心事，遇上这类事而能自安的，其实便是笑对人生了。更重要的还要有一种平和的心态，做到胜而不骄，败而不馁，那么你就是胜利者、成功者。

西方有句谚语说："年轻的本钱，就是有时间去失败第二次。"等到我们老了，就已经没人肯请我们去工作了，所以年轻时努力奋斗是很重要的。

人生之事世事难料，经常有一些我们难以预料的事会发生，不如意之事十之八九。但是无论世事如何多变，我们唯一不该忘记的就是要笑对人生。

有一首歌是这样唱的："不经历风雨，怎能见彩虹。"是啊，其实阳光总在风雨后，雨后的阳光总是特别的灿烂。只有在经历过风雨的洗礼后一切才显现出它的真实面貌。

笑对人生，其实便是博爱，是对世界万物的关爱，是胸怀坦荡，是坚韧自强。笑对人生，是物我两忘，是淡泊人生。只要能笑对人生，还有什么痛苦无法承受呢。世界上没有绝望的处境，只有那些对处境绝望的人。所以失败其实并不可怕，可怕的是那些在失败之后没有勇气站起来的人。

最终登上富豪排行榜的刘昌勋的创业史就是一个九死一生的奇迹。由于家庭贫困的原因，他为了减轻家里的负担，他中学还没读完，就辍学经商了，那年他才刚刚16岁。

他看邻居经营药材很赚钱，每月有几百元的利润，这个数字当时在他们那年代是个让人眼红的数目。所以他抱着试试看的态度，买进了20元的板蓝根，背到集上去销售，谁知，不仅当天全部脱手，而且还稳稳地赚了20元，这对他来说是一笔不小的钱，所以他坚持做，两个月下来，连本带利达到了500元，这让他尝到了经商的甜头。

由于他年龄还太小，经验不够，而且做事业也不可能一帆风顺，当他东凑西凑，最终把叔叔的3000元的抚恤金也拿来做药材生意时，却被人骗了，几千元的本全赔了进去，真是让他欲哭无泪。

但刘昌勋并没有就这样被失败给压垮，反而从中总结经验，继续奋斗。尽管失败，但他并不灰心，他心里想，做生意嘛，有赚就会有赔，这是正常的，也正是他这种笑对人生的良好心态，为他下一次的成功奠定了基础。

以平常心对待万事万物，多一些"起舞弄清影"的乐观，"根株浮沧海"的达观，"星垂平野阔"的宏观，"人闲桂花落"的静观，心如止水，笑对人生，只有这样，才能攀上人生的巅峰。一次失败并没有使刘昌勋萎靡不振，他总结经验，继续奋斗，终于登上了富豪的排行榜。

刘昌勋的事迹说明：奋斗者，破产只是一时；而不去奋斗，则必将一生贫穷。只要你没有失掉勇气，敢于拼搏，就一定会取得成功。

名人罗素曾经说过："人的一生是有很多目标的，这些目标像一个个音符，构成了人生的篇章。"以平常心对待每一个目标，成功了不夜郎自大、故步自封，而要去追寻下一个梦想；失败了不自惭形秽、气馁沮丧，而是在痛定思痛中继续前进。这样你在垂暮之年，当你回顾自己所走过的路时，你的脸上只会有欣慰，而没有后悔，你会笑着对自己说："我的一生无怨无悔。"

在苦难中变得更坚强

汉代史学家司马迁在《报任安书》中写道：文王被拘禁在羑里时推演了《周易》；孔子在困穷的境遇中编写了《春秋》；屈原被

流放后创作了《离骚》；左丘明失明后写出了《国语》；孙膑被砍去了膝盖骨，编著了《兵法》；吕不韦被贬放到蜀地，有《吕氏春秋》流传世上；韩非被囚禁在秦国，写下了《说难》《孤愤》；《诗经》300篇，也大多是圣贤们为抒发郁愤而写出来的。

司马迁在这里告诉我们，苦难在一个人的成长过程中有着不可代替的作用，它可以让人们变得更加坚强。

人并非生来就是坚强的，大凡坚强者都经受了苦难的塑造，凤凰涅槃才能得以永生，千古年来，多少伟人用自己的一生证明着这一点。

著名的丹麦童话作家安徒生从小就经历着苦难的磨炼。童年的安徒生住在富恩岛上一个叫奥塞登的小城镇上，那里住着不少贵族和地主，而安徒生的父亲只是个穷鞋匠，母亲是个洗衣妇，祖母有时还要去讨饭来补贴家用。

那些贵族地主们生怕降低了自己的身份，都不允许自己家的孩子与安徒生一块儿玩。面对这样的遭遇，父亲看在眼里，气在心里，但是一点也没有在孩子的面前表露，反而十分轻松地对安徒生说："孩子，别人不跟你玩，爸爸来陪你玩吧！"

安徒生的家很简陋，一间小屋子，破凳烂床便是家里所有的摆设，但这小小的空间还是塞得满满的，没有给孩子留下多大的活动空间。就在这样的环境下，安徒生开始着他的童话世界。

就在这么一间破烂的小屋里，父亲把它布置得像一个小博物馆似的，墙上挂上了许多图画和作为装饰用的瓷器，橱窗柜上摆了一些玩具，书架上放满了书籍和歌谱，就是在门玻璃上，也画了一幅风景画……父亲常给安徒生讲《一千零一夜》等古代阿拉伯的故事，有时则给他念一段丹麦喜剧作家荷尔堡的剧本，或者是英国莎士比亚的戏剧本。

故事的情节令小安徒生浮想联翩，常常情不自禁地取出橱窗里父亲雕刻的木偶，根据故事情节表演起来。这还不能让他感到满足，他还用破碎的布片给木偶缝制小衣服，把它们打扮成讨饭的穷人、没人理睬的穷小孩、欺压百姓的贵族和地主等，并根据自己的实际生活体验编起木偶戏来。

艰苦的环境没有挡住安徒生在童话世界中的前进，反而让他更加坚强起来，为了童话，他到街头去看油嘴滑舌的生意人、埋头工作的手艺人、弯腰驼背的老乞丐、坐着马车横冲直撞的贵族和伪善的市长、牧师等人的生活，获得各种感性经验，终于成了最伟大的童话作家。

苦难并不可怕，可怕的是在苦难中一蹶不振。只有像安徒生一样，在苦难中变得更加坚强，才能成为生活的强者。作为新时代的青少年，要明白惧怕困难只能做生活的奴隶，在苦难中磨炼，变得更加坚强才是生活的主宰者。

苦难教会了我们成长；苦难让我们变得更加坚强；苦难让我们在困境中越挫越勇；苦难让我们在生活中更懂得珍惜拥有的岁月，困难磨炼着坚强的人生。

苦难，是一种有力度的人生体验，是生活给我们最美的馈赠，也是一种有价值的人生境界。对强者来说苦难是阶梯，对于弱者来说则是灾难。正是由于遭受不幸，才激起了人内心所积存的巨大潜能，促使着人们把它转变成力量，在我们的人生道路上创造完美的轨迹。苦难是磨炼人生的催化剂，加速人们前进的步伐。

总之，苦难能使我们变得更加坚强。因此，作为新时代的青少年，要敢于接受苦难的历练。面对苦难，不要一味地埋怨、指责，而要心中充满"长风破浪会有时，直挂云帆济沧海"的豪情壮志，让希望之舟驶向柳暗花明的彼岸。

面对人生中的种种悲伤和不幸，面对突如其来的疾病和死亡，我们都应该坦然去面对，要把这些苦难当作一次次磨炼，要在这些磨炼中变得更加坚强。

司马迁身受宫刑，却撰写出一部"史家之绝唱，无韵之离骚"的《史记》；邓小平几起几落，却成为"障百川而东之，回狂澜于既倒"的一代伟人。苦难和挫折没有将他们压倒，却成为他们通往成功路上一张可贵的"通行证"。

我们新时代的青少年面对苦难，也要以他们为榜样，在苦难中变得更加坚强，获取一张成功的通行证。

第四章

勤奋和坚持为你助力

勤奋是来自内心的一种动力，没有刻苦是不可能有好成绩的。只要你尽力了，无论你最后的结果如何，你都是胜利者。因为你已经战胜了你自己。

坚持就是胜利。只要我们能振作起来，不放弃对人生理想的追求，做一只勤奋的蜗牛坚定向前，持之以恒，我们就是命运的主宰者，我们就能驶向成功的彼岸。

机会留给有准备的人

古人说得好："凡事预则立，不预则废。"这里的"预"，就是有预见、有准备的意思。做事情，有预见性、有准备就可以取得成功，没有预见性、没有准备就可能失败。古往今来，这样的事例举不胜举。

越王勾践经过十年休养生息的耐心准备，才有了"苦心人，天不负，卧薪尝胆，三千越甲可吞吴"的传世壮举；一代帝王朱元璋通过"高筑墙，广积粮，缓称王"的精心准备，才创建了大明王朝的开国大业。

不做准备的人，其实就是准备失败的人。只有善于做准备的人，才是离成功最近的人。青少年朋友们，让我们来看一个故事吧。

阿明毕业后很快就找到了工作，但是没过多久，他便对工作产生了倦怠。当时，心情不好的阿明为了缓解自己的情绪和压力，常常带着鱼竿到湖边钓鱼。

但是，换了好几个地方，阿明都没有获得好成绩。于是，他的鱼篓越换越小，到最后只拎着一根钓竿和鱼饵就出门了。

有一天，钓鱼技术不如他的同事老王约他一同去钓鱼，老王拿了一个大鱼篓，当他看见阿明几乎两手空空，便塞给他一个小鱼篓。

阿明摆了摆手，对老王说："不用啦，我每次都钓不到两条鱼，用手拿就够了。"

但没想到这天却出乎意料，他们遇上了丰富的鱼群，几乎鱼饵都来不及装，那些大鱼小鱼一条接着一条地被甩上岸。

阿明的鱼饵很快就用光了，幸亏老王带了很多鱼饵来。

阿明看着老王装得满满的大鱼篓，自己只能用柳条绑住几条，不得不放弃在地上活蹦乱跳的鱼，懊恼不已。

这个故事告诉我们，机会永远只留给有准备的人。所以每当我们抱怨运气不佳的时候，不要只顾着埋怨别人不给自己机会，而是要看一看自己的鱼篓是否够大，有没有破洞；也许不是池塘里的鱼太小或鱼群不多，才装不满你的鱼篓，而是你的篓子破了个大洞，让鱼全溜走了。

凡事预则立，不预则废。事实的确如此，凡事预于先，谋于前，做足准备，往往能占据主动，确保事情的成功。否则，事发突然，或计划赶不上变化，往往让人手忙脚乱、穷于应付，甚至连可以避免的失误都避免不了，处处陷于被动之中。

成功只属于那些有准备的人，我们青少年只有通过勤奋的学习和努力，做好万全的准备，才能得到最终的成功。成功的准备是需要无数泪水和汗水酝酿的。只有做好准备的人，才更有可能走向成功，才有可能创造自强人生。

要把梦想变成现实，光想不行，光说不行，光等不行，光靠别人不行，必须依靠自己的积极努力，认真做好充分的准备才行，因为成功属于有准备的人。

世界酒店大王希尔顿早年追随掘金热潮到丹麦掘金，他没有别人幸运，没有掘出一块金子。但是他并没有因此而绝望，在别人忙于掘金之时，他却在为准备建旅店的工作而忙碌，这里面的艰辛是我们常人无法想象的，最终他成功了，这为他日后在酒店业的发展奠定了坚实的基础。

一个人要想成功，就必须要做大量辛苦的准备。农民种庄稼，光播下种子是远远不够的，还必须进行浇水、施肥、除草等，这些辛苦的劳动就是为收获做的准备。

戏剧界有句行话，"台上一分钟，台下十年功"，这十年是为了台上一分钟的表演做的准备。

对于所有人来说，机遇并不是上帝给的，所有的东西都要靠自己去争取，机遇要靠能力去创造。假如机遇摆在你面前，而你却没能力去应付，显然是无法达到目的的，所以说能力是成功的先决条件，机遇只是其中的一个因素而已。

能力是锻炼出来的，要靠先天的条件，也要靠后天的努力，永远要相信自己，相信自己一切都可以办到，机遇总会碰到，但不是每个人都能坚持"10年"。看看那些站在事业巅峰的人，哪个是没有经过苦练而轻易成功的。

机会对每个人也都是公平的。如果没有成功，不要迷茫，因为对于有准备的人来说，只不过是"万事俱备，只欠东风"而已，仅仅是缺少一个"伯乐"来识这匹千里马，只不过是在成功路途上延长了时间，并不会影响结果。

而对于那些没准备的人，得到了这个机遇也只是浪费。所以只有我们不断地学习、积累，不断地探索、研究，不断地锻造自己的见识、能力，才能抓住机遇。

也许，有的青少年认识到了准备的重要性，然而，却没有做出积极的准备，而是得过且过，这是非常危险的。因为在现实社会和生活中，竞争激烈，危机重重，要想在竞争中胜出，就必须付出艰苦的努力，比别人准备得更为充分。多一些准备，就会多一些成功，就会少一些风险和危机。

也许，有的青少年不是不想准备，而是不知该怎样去准备，那就从自己的身边小事做起吧，在知识上不断积累，在思想道德行为上养成良好的习惯，并持之以恒地做好各方面的准备。

也许，有的青少年朋友也做了一些准备，但有时候还会遇到这样那样的失败和挫折，你可能会找出许多借口或理由，但有一个最根本的教训应该记取，那就是4个字：准备不足！

因此，青少年朋友在学习上要踏踏实实，学习来不得半点的虚假。因为成功需要我们做万全的准备，准备好的人，成功便会不知不觉地来到我们的身边。

用知识充实人生

知识能使我们获得财富，知识能使我们变得高尚，知识能使我们的生活充满阳光，知识能使我们获得强大的力量，冲破重重困境，最终走向成功的大门。

古往今来，人们对文化知识尤其重视，因为它可以给我们指明正确的道路，给我们带来幸福的生活。"知识就是力量"这句千古箴言，一直被人们传诵，使人们清晰地认识到知识是多么重要！

在当今飞速发展的社会里，如果想使自己有立足之地，获得成功，最好的途径就是不断学习，掌握知识，用知识来武装自己。我们作为一名青少年，现在最主要的任务就是学习知识，只有不断地学习知识，才能让自己拥有自强的人生。

青少年时期是学习知识的大好时光，我们切不可虚度这有限的时间，而是应该充分地利用，不断学习更多的知识，为自己的将来打好基础。

比尔·盖茨童年最喜欢看的是《世界图书百科全书》。他经常几个小时地连续阅读这本几乎是他体重1/3的大书，一字一句地从头到尾看。

比尔·盖茨常常陷入沉思，冥冥之中似乎强烈地感觉到，小小的文字和巨大的书本，里面蕴藏着多么神奇和魔幻般的世界啊！文字的符号竟能把前人和世界各地人们的无数有趣的事情记录下来，又传播出去。

比尔·盖茨又想，人类历史将越来越长，那么以后的百科全书不是越来越大而更重了吗？有什么好办法造出一个魔盒那么大，就能包罗万象地把一大本百科全书都收进去，该有多方便。这个奇妙的思想火花，后来竟被他实现了，而且比香烟盒还要小，只要一块小小的芯片就行了。

比尔·盖茨看的书越来越多，想的问题也越来越多。一次他忽然对他四年级的同学卡尔·爱德蒙德说：与其做一棵草坪里的小草，还不如成为一株耸立于秃丘上的橡树。因为小草千篇一律，毫无个性，而橡树则高大挺拔，昂首苍穹。

比尔·盖茨坚持写日记，随时记下自己的想法，小小年纪常常如大人般深思熟虑。他很早就感悟到人的生命来之不易，要十分珍惜这来到人世的宝贵机会。

在日记里比尔·盖茨这样写道：人生是一次盛大的赴约，对于一个人来说，一生中最重要的事情莫过于信守由人类积累起来的至高无上的诺言……那么诺言是什么呢？就是要干一番惊天动地的大事。

盖茨所想的诺言也好，追赶生命中要抢救的东西也好，表现在盖茨的日常行动中，就是学校的任何功课和老师布置的作业，无论是演奏乐器，还是写作文，他都会倾其全力，花上所有的时间去出色地完成。

正是由于小比尔·盖茨对于知识的热爱，才有了后来伟大的成就。我们也要像盖茨那样，不断地学习知识，要用知识来充实自己，相信自己的力量。

拥有知识的人才能自主，才不会总是抱怨。不懂得用知识来武装自己的人，总是依附于别人，往往是缺乏知识，缺乏自信就不会拥有自强。知识就是力量，因为没有用知识来充实自己而自我萎缩，也因拥有知识而自立自强。有知识的人，才会坚持自主意识，坚持对自身潜力的开发。

学习知识不是一天两天的事情，需要我们用一生来学习。任何成功都不是一朝一夕的结果。一个人、一个群体、一个民族、一个国家要成长与发展，就必须不断了解，不断学习。

不懂、不会，就要了解，就要学习，学习就是为了更好地适应新的发展。马克思说："事物总处在变化发展中。"如遗传变异、由水生发展到陆生等。在这个过程中，适应环境的就生存了下来，不适应环境的就被自然淘汰。

人生活在社会中也是这样，一出生，慢慢学会走路、说话，在成长的过程中慢慢接触到各种事物，要不断学习很多的东西，如处理日常事务、人际关系等。有的人善于了解、学习，于是在各种环境中都能应对自如，游刃有余。

有的人却故步自封，懒于了解、学习，结果遇事时不知所措，被时代、社会所抛弃。这样的例子屡见不鲜，数不胜数。

如果我们现在的学识很高，那是不是可以放心休息、安于现状呢？如果有这种想法，那毫无疑问是错的。

因为"学无止境"，不管你是涉世未深的青年，还是经验丰富的长者；不管你胸无半点文墨，还是学富五车才高八斗，都需要不断了解，不断学习！

也许你会说我没有天赋，我无法成才，那么请把国际数学大师华罗庚的名言"聪明出于勤奋，天才在于积累"作为我们的座右铭吧！

不论将来我们从事哪一行，我们现在都要不断地学习，为我们未来的人生打好基础。只有不断地学习，不断地汲取新知识，才能不断地进步，才能让自己在时代的大潮中，勇立潮头。

学无止境，在知识爆炸的21世纪，没有知识、不学习是不行的。不管你为了什么目的去读书，只有明白学无止境，用知识实现梦想，用读书寻找乐趣，用知识创造生活，你的人生才会树立起永不沉沦的风帆。

不要放走一分一秒

有一件东西，当你向未来极目远眺之时，总觉得它那样漫长，却不知，它在你遥望的瞬间已经悄然流逝；你总觉得它平凡得不能再平凡，却不知，正是平凡的它组成了你宝贵的生命；当你对着书本出神时，它总是被你遗忘在某个角落；当你重新拾起它时，却为适才的遗忘后悔莫及。

这是什么呢？对，它就是"时间"！"盛年不重来，一日难再晨。"著名诗人陶渊明早已看出了"岁月不待人"的道理。古往今来，不知有多少诗人感慨过时光的匆匆流逝，勉励人们要珍惜现在的时间。可见"珍惜时间"永远是一个不变的话题。

时间对于一个人来说，是最为珍贵的东西，那些能够在自己生命中实现价值的人，都是重视时间的人。台湾著名作家林清玄给我们讲了这样一个故事。

读小学的时候，我的外祖母去世了。外祖母生前最疼爱我。我无法排解自己的忧伤，每天在学校的操场上一圈一圈地跑着，跑得累倒在地上，扑在草坪上痛哭。

那哀痛的日子持续了很久，爸爸妈妈也不知道如何安慰我。他们知道与其欺骗我说外祖母睡着了，还不如对我说实话：外祖母永远不会回来了。

"什么是永远不会回来了呢？"我问。

"所有时间里的事物，都永远不会回来了。你的昨天过去了，它就永远变成昨天，你再也不能回到昨天了。爸爸以前和你一样小，现在再也不能回到你这么小的童年了。有一天你会长大，你也会像外祖母一样老，有一天你度过了你的所有时间，也会像外祖母永远不能回来了。"爸爸说。

爸爸等于给我一个谜语，这谜语比课本上的"日历挂在墙壁上，一天撕去一页，使我心里着急"和"一寸光阴一寸金，寸金难买寸光阴"还让我感到可怕；也比作文本上的"光阴似箭，日月如梭"更让我觉得有一种说不出的滋味。

以后，我每天放学回家，在庭院里看着太阳一寸一寸地沉进了山头，就知道一天真的过完了。虽然明天还会有新的太阳，但永远不会有今天的太阳了。

我看到鸟儿飞到天空，它们飞得多快呀。明天它们再飞过同样的路线，也永远不是今天了。或许明天再飞过这条路线，不是老鸟，而是小鸟了。

时间过得飞快，使我的小心眼里不只是着急，还有悲伤。有一天我放学回家，看到太阳快落山了，就下决心说："我要比太阳更快回家。"我狂奔回去，站在庭院里喘气的时候，看到太阳还露着半边脸，我高兴地跳了起来。那一天我跑赢了太阳。以后我常做这样的游戏，有时和太阳赛跑，有时和西北风比赛，有时一个暑假的作业，我10天就做完了。那时我三年级，常把哥哥五年级的作业拿来做。每一次比赛胜过时间，我就快乐得不知道怎么形容。

后来的20年里，我因此受益无穷。虽然我知道人永远跑不过时间，但是可以比原来跑快一步，如果加把劲，有时可以快好几步。那几步虽然很小很小，用途却很大很大。

如果将来我有什么要教给我的孩子，我会告诉他：假若你一直和时间赛跑，你就可以成功。

珍惜时间，就是珍惜生命。每一个人的生命是有限的，属于一个人的时间也是有限的。如若一个人的生命到了人生的尽头，那么他生活的时间也就结束了。可见人生短暂，只有珍惜时间，才能拥有无悔的人生。

古往今来，有多少人都在叹息："黄河之水天上来，奔流到海不复回……"时间的流速令人难以估测，无法形容。正如著名作家朱自清在《匆匆》里面写的：

燕子去了，有再来的时候；杨柳枯了，有再青的时候；桃花谢了，有再开的时候。但是，聪明的你告诉我，我们的日子为什么一去不复返呢？——是有人偷了它们吧？那是谁？又藏在何处呢？是它们自己逃走了吧？现在又到了哪里呢？

……

是啊，我们的日子为什么一去不复返呢？这大概就是时间之所以为时间，光阴之所以珍贵的原因所在吧！既然生命如此宝贵，我们怎么样才能让它更有意义呢？

要想让自己的人生更有意义，就应该珍惜自己短暂的时间。古人有诗云："三更灯火五更鸡，正是男儿读书时，黑发不知勤学早，白首方悔读书迟。""少壮不努力，老大徒伤悲"等诗句都是告诫我们：人生有限，必须惜时如金，切莫把宝贵的光阴虚掷，而要趁青春年少时多学一点，多做几番事业。

作为一个年轻人，时间对我们来说尤为重要。如何使"一寸光阴"和"一寸生命"画上等号，这是一道人生永恒的难题，也是我们现在首先应该思考的问题。

面对新的未来，面对新知识，我们的态度不应该是沮丧和畏惧，更多的应该是接受挑战的信心和积极准备的决心。

此时的我们，要以分来计算一天的时间，这会让你比用小时来计时的人多出59倍的时间。把握每分每秒，以充分的准备去迎接即将到来的挑战吧！因为上天只会眷顾有准备的人。

此刻我们站在这里，而几年后，我们将走向更广阔的天地。要知道，机会永远只会留给有准备的人。只要我们鼓起信心，从现在开始，培养良好的行为品质，掌握有效的学习方法，发挥出不服输的拼搏精神，就一定能为将来创造更多的机遇，勇敢地面对挑战，为自己赢得更美好的未来！

《今日》诗中说："今日复今日，今日何其少！今日又不为，此事何时了！人生百年几今日，今日不为真可惜！若言姑待明朝至，明朝又有明朝事。为君聊赋今日诗，努力请从今日始。"因此，对于我们青少年来说，珍惜时间就是珍惜生命。光阴似箭，不可虚度。

当我们认真学习时，光阴虽然流逝了，但是我们得到了无穷的知识；当我们在努力工作的时候，光阴虽然流逝了，但是我们积累了更多的经验；当我们在幸福的睡眠中，光阴虽然流逝了，但是我们为第二天的紧张工作提供了精神保障。只要我们充分利用了光阴，我们会无怨无悔，可我们虚度光阴，总有一天会悔之晚矣！

凋零的树叶会转绿吗？枯萎的花朵会变艳吗？白发的老翁会回到少年吗？13岁的我们还会回到12岁吗？人死能复生吗？陨落的星星还会回到夜空吗？所有这些都不能，因为这是光阴流逝的见证。既然我们不能留住光阴，那就让我们珍惜光阴吧！

让我们早睡早起，把握每一天，做一个勤奋的人，这是我们珍惜光阴的第一步。接下来就应该在自己的领域中尽最大的努力取得一定的成就。最后在微笑中送走光阴，迎接下一个时光的到来。

我们每天都在这样的奋斗和祈盼中生活，我们的人生才有意义。只要我们把握每一分、每一秒，我们也会像居里夫人一样，在有限的光阴里做无限的事。

珍惜光阴吧！虽然我们无法挽留住它，但是我们可以充分利用它，使我们的生活多姿多彩……

衣带渐宽终不悔

亲爱的朋友，我们惊羡成功时花朵的明艳，然而你可知道，当初它的芽儿，浸透了奋斗的泪泉，洒遍了牺牲的汗雨。我们只有把握好勤奋这把钥匙，才能打开成功的大门。

勤奋才能有所作为，博学多才来源于勤奋忘我的不懈努力。只要我们在学习上舍得花点力气狠下功夫，就必定能够用辛勤的汗水和智慧浇开芬芳的理想之花，获得真才实学。

我们必须在这方面狠下功夫，力求做到"衣带渐宽终不悔，为伊消得人憔悴"。只有这样，才能开拓出属于我们自己的人生故事。

　　让我们来看一个勤奋学习、终于成才的小故事吧。

　　孙康小时候酷爱学习。他想晚上读书，可家中贫穷，没钱购买灯油。一到天黑，便没有办法读书。特别到了冬天，长夜漫漫，他有时辗转很久，难以入睡。实在没有办法，只好白天多看书，晚上睡在床上默诵。

　　有一天夜里，孙康醒来后，忽然发现从窗外透进几丝白光。开门一看，原来下了一场大雪。屋顶白了，地上白了，树上也白了。整个大地披上一层银装，闪闪发光。

　　孙康站在院子里欣赏银装素裹的雪后美景，忽然心中一动：映着雪光，可否读书呢？他急急忙忙跑回到屋里，拿出书来对着雪地的反光一看，果然字迹清楚，比昏黄的小油灯要亮堂得多呢！孙康不再为没有灯油而发愁。

　　整个冬天，孙康夜以继日地读书，不怕寒冷，也不感到疲倦，常常一直读到鸡叫。即使是北风呼号，滴水成冰，他也从来没中断学习。功夫不负有心人，孙康砥砺求进，学有所成，终于成为一位很有名望的学者。

　　俗话说："辛勤的耕耘，快乐的收获。"孙康正是这样通过个人的不懈努力，终于能够快乐地收获成功。我们要向孙康学习，要明白只有勤奋地学习，才有快乐的收获。有付出就有回报，有耕耘就有收获！从古至今，从来没有无因之果，也从来没有无果之因。

我国著名数学家华罗庚曾经说过这样的一句话："勤能补拙是良训，一分辛劳一分才。"事实证明，这的确是一个真理！

　　古今中外，曾涌现出无数的令人敬佩的仁人志士，他们并非一生下来就掌握某种本领或拥有异于常人的智慧，但是最终，他们却都得到了人生的馈赠。之所以那些名人会如此幸运，并不是因为上天的眷顾，而是因为他们有一种难能可贵的勤奋精神。

　　科学也表明，勤奋可以反复地刺激人类的脑细胞，并通过这种频繁的刺激把获取的信息储存起来，以便在需要的时候可以及时地提取出来。而且勤奋还可以提高头脑的灵活性，使人变得更加聪慧灵敏。天资较差、智力较低的人，可以通过勤奋和努力化拙为巧、变拙为灵。

　　除了科学方面的证实以外，生活中"勤能补拙"的例子更是数不胜数。"天才是百分之九十九的汗水加上百分之一的灵感。"这句话用在爱因斯坦身上再合适不过了。爱因斯坦之所以能取得伟大的成就，主要是因为他勤奋，不断探索，敢于创新。

　　然而，幼年时代的爱因斯坦因为智力发育较慢，经常遭到同龄孩子的嘲笑，而且从来不被老师看好。长大后的他却异常勤奋，一天24小时大部分都是在实验室里度过的。

　　别人学习时他在学习，别人玩耍时他还在学习，别人休息时他依然在不停地学习、钻研。经过多年的努力，爱因斯坦最终以"相对论"而闻名于世。

　　我国著名戏曲表演艺术家梅兰芳曾说过："我是个笨拙的学艺者，没有充分的天才，全凭苦学。"梅兰芳年轻的时候去拜师学戏，师傅说他长着一双死鱼眼睛，灰暗、呆滞，根本不是学戏的料，不肯收留他。

然而，天资欠缺不但没有使梅兰芳灰心、气馁，反而促使他变得更加勤奋了。他喂鸽子，每天仰望着天空，双眼紧跟着飞翔的鸽子，穷追不舍；他养金鱼，每天俯视水底，双眼紧跟着遨游的金鱼，寻踪觅影。经过多年不懈的努力，梅兰芳的眼睛终于变得如一汪清澈的秋水，熠熠生辉，脉脉含情。

　　生活中，并非只有名人的事例才能表现"勤能补拙是良训"这句话所蕴含的道理，如果你试着观察一下自己身边的一些同学，就会发现他们与那些名人一样，同样具有勤奋的精神。

　　多少次，当你沉浸在游戏的快乐中时，他在默默地努力着；多少次，当你和朋友闲聊时，他在静静地思考着；多少次……也许他的天资并不如你，但往往到了最后，成功者的头衔却属于他。这是为什么呢？原因只有你自己知道。

　　要想知道一个人的成就有多大，不光要看他所获得的荣誉和知名度，而要着重了解他在成功之前究竟留了多少汗、克服了多少困难、花费了多少心血，准确地说，就是看他到底有多勤奋。

　　要知道，曾经有过失败的人或许是勤奋的，但最终获得成功的人绝不是懒惰的！让我们从现在开始，勤奋开拓自己的人生吧！

勤奋不是一味蛮干

　　如果有一天你走在街上，看到有一个人在试图用大铁棒打开门上巨大的锁，你一定会想，这个人不是强盗就是个傻子。

　　的确，用铁棒开锁只会把锁砸坏，而轻巧的钥匙因为懂得锁的心思，所以开锁不费吹灰之力。我们做事情也是这样，空有一身力气地蛮干，往往不如巧干的效果好。

让我们来看一个小女孩练习舞蹈的故事吧。

每次上舞蹈课，总有几个小朋友提前到，在那里练软翻、前桥、劈叉等。我看到有些小朋友在前软翻，翻得特别轻松，心想："这个蛮简单的，我也来学一学。"

于是，我每次上舞蹈课总是提早半小时到舞蹈室，叫她们教我，可她们也说不清楚，只做动作给我看。我只好学着她们的样子翻。经过一两个晚上的练习，我居然也能翻过去了，虽然翻得不是很标准。

于是，我就开心地朝妈妈喊："妈妈，妈妈，我能翻过去了，我翻一个给你看。"说完，就翻了个给妈妈看。

虽然翻得有点歪，但妈妈还是表扬我："呦，你这么能干，居然自己学会了。"

这下我更来劲了，说："就是有点歪，我再练习几次，保管能翻正！妈妈，你说对不对？"

"对！"妈妈说。

可后来几个晚上，不管我怎么练，都事与愿违，一点进步也没有，脸、肩膀都撞出了瘀青，痛苦不堪。我的心情糟透了，就不想练了。再看看别人翻得这么好，心想："真笨，我怎么就翻不正确呢？是不是我方法不对？"

几星期后，老师说要教我们前软翻，当讲到动作要领时，我听得特别仔细。老师告诉我们："先双脚跪立、双手叉腰，接着下中腰、控腰，人保持一颗球的形状，然后肚子先贴地，再脸贴地，双手在腰旁一边往后推，一边往上使劲撑，像球那样滚过去……"

我照老师说的去做，真的轻轻松松地翻过去了。

从这个故事可以看出，我们只要掌握了好的方法，就能收到事半功倍的效果。你看，这个小女孩先前没有掌握方法，费了九牛二虎之力，也做不正确。而一旦掌握了方法，一下子就成功了。可见，掌握方法比一味蛮干要好得多！

蛮干意味着不动脑筋，不顾方法，不顾实际地办事，好比用铁棒开锁，不但开不了锁，反而会将锁弄坏，正所谓"赔了夫人，又折兵"。

埋头苦干确实是很好的做事态度。可是，这并不意味着只要我们花上大量的时间，事情自然就会解决。大禹以疏代堵，让一条多灾多难的祸河成了造福炎黄子孙的母亲河；田忌调换马儿的出场顺序，创造了转败为胜的赛场神话；孔明焚香操琴、空城退敌，传为千古佳话……

在生活中，类似的例子也不胜枚举。比如，一些同学只会在书山题海里苦苦煎熬，而不去思考知识间的联系和解题的技巧，到头来一头雾水；而另一些同学，做题时懂得寻找规律，抓住特点，举一反三，从而能够轻松地学习。

布莱希特曾说："思考是人类最大的乐趣。"对于我们青少年来说，只学习而不思考，便不会知道书中的真正含义。

爱迪生说："不下决心培养思考习惯的人，便失去了生活中最大的乐趣。"说明思考是人生最大的乐趣。

古人说得好，"学而不思则罔""行成于思毁于随"。的确，如果对学到的知识、调查得到的情况不做深入思考，就难以留下深刻的烙印，最终收效甚微。

贝费里齐在《科学研究的艺术》中讲过一个令人哭笑不得的试验，故事是这样的：

一位老师用手指沾糖尿病人的尿样来尝味，然后让学生们都做一遍。学生们愁眉苦脸地照着做了，一致说尿样是甜的。

这时，老师说："我在教你们观察细节。谁观察得仔细，发现我伸进尿样的是拇指，舔的是食指？"

学生们的失误就在于主观上的想当然，过分相信别人的经验，一没有认真观察，二没有深入思考。

我们要充分理解思考的重要意义，蛮干的结果是我们做的都是无用功。其实，人与人之间的智商差异并不大，差距就在于看谁思考得多、思考得深、思考得对。

自然，坐在那里默默沉思是一种思考，把自己的所读所想记述下来、表达出来，也是一种思考。我们只要长期思考下去，必定有大的进步。

我们要在勤于动脑中创造自己的自强人生。仔细考虑几分钟，胜过蛮干数十年。成功把握在我们手中，做任何事情的时候都要动脑筋，相信聪明才智这把金钥匙一定会为你打开成功的大门。

一位哲人曾说过："这个世界不缺会干活的人，缺的是会思考的人。"他的谆谆告诫激励我们青少年要勤于思考。

经过思考后得到的果实虽甜，但思考的过程却很苦。苦就苦在思考需要大量研究、掌握第一手资料，需要坚持不懈地总结和积累经验，需要给自己不断"充电"。

勤于动脑，不可蛮干，我们要在学习中善于动脑。洛克威尔说："真知灼见，首先来自多思善疑。"充分说明了思考的重要意义。

让我们在思考中成长吧！勤于动脑，任何事情都会变得简单；勤于动脑，让我们的人生更精彩；勤于动脑，让我们做生活的强者。

一步一个脚印踏实前行

人生之行悠远，人生之路漫漫。回首人生路上，每一个不会磨灭的深深脚印都记录着你的风风雨雨，每一个不能忘却的足迹都铭刻着你的深深记忆，每一个不可抹去的脚步都镌刻着你的种种情感……

你的快乐、幸福是轻快的脚印；你的忧愁、苦痛是凌乱的脚印；你的仇恨、悲愤是沉重的脚印。正是因为有了这样一个个、一串串、一片片不同的脚印，你的人生之路才值得细细回味，你的人生之路才能够永远铭记。

脚印是一段段历史——成吉思汗因为征服欧亚、横跨半球而留下了"一代天骄"的脚印；秦始皇因为统一中国、连接长城而留下"华夏第一君"的脚印；唐太宗因为虚心纳谏、勤于政务而留下了"贞观之治"的脚印……

脚印是一个个真理——居里夫人因为献身科学、鞠躬尽瘁而留下了"镭"的脚印；牛顿因为"冥思苦想"、敢于想象而留下了"苹果落地"的脚印；爱迪生因为不畏挫折、不惧失败而留下了

"白炽灯"的脚印……

因为有了人生的脚印，我们能体会到前人的伟大和今人的奋发；因为有了人生的脚印，我们能感受到从前的酸甜苦辣和现在的苦尽甘来；因为有了人生的脚印，我们能联想到往昔的峥嵘岁月和如今的幸福生活。

对于我们来说，成长之路上也布满了脚印。我们不求每一个脚印写下的都是甜蜜与欢乐，但求无悔于每一个脚印；我们不求每一个脚印留下的都是幸福与微笑，但求无愧于每一个脚印；我们不求每一个脚印记下的都是美好和痛快，但求无憾于每一个脚印……

蜗牛不相信自己的缓慢，一步一个脚印地向自己的目标爬行，终于到达了自己的目的地；水滴不相信自己的脆弱，日复一日，年复一年，一步一个脚印地撞击石块，终于造就了水滴石穿的奇迹；蚕蛹不相信坚硬的外壳，一步一个脚印，每天努力一点，终于获得了破茧重生的光明……

在生活中，也许你没有一个好的开始，但只要你一步一个脚印，每天努力一点，你终会获得成功。亲爱的朋友，我们来看美国著名篮球运动员科比的成长历程吧。

小时候，科比曾因为篮球打得不好而受到别人的嘲笑，他的控球总是被断下来，于是，他立志当一名优秀的篮球运动员。

20年后，科比站在了NBA的冠军奖台上，高举着闪闪发光的金杯，面对着成千上万人的欢呼声，当台下记者问到是什么使他成功时，他回答道："为了练习控球，第一个月，我每天拍球绕着家门口走了一圈；第二个月，我每天拍球绕着操场走了一圈；第三个月，我拍球到街上，一边跑一边拍。日复一日，年复一年，我才有了这么完美的技术。"

也许科比没有天赋，但他每天努力一点，一步一个脚印，终于迈向了成功的殿堂，我们每个人应该学习科比这种脚踏实地的精神。

一步一个脚印，不仅是一种口号，更是一种精神，也许每个人的开始并不完美，但只要你每天努力一点。抱着"一步一个脚印"的精神，一点一点地向成功之巅迈进，在那里，你可以欣赏到太阳的雄壮、花的芳香……

走好人生的第一步，不要让人生之路充满悔恨、愧疚、遗憾；走好人生的每一步，我们可以在未来一个如水的夜晚里，打开记忆的闸门，细心体味曾经的脚印，感受以前的风风雨雨，曾有的深深记忆、往昔的种种情感，你会感到心满意足！

有一种精神叫永不放弃

有一种锲而不舍的精神叫作永不放弃。也就是说不经历风雨便不能见彩虹，如果小小的失败你都无法克服，在人生未来的征途中又怎能一展宏图呢？

永不放弃是对我们的一种考验。花谢了还有再次盛开的时候，太阳落了还有再次升起的时候，但一个人的信念崩溃了，就没有再次重筑的时候。一旦你放弃了，就失去了第二次拥有它的机会。让我们来看一个小男孩永不放弃，用坚持打造自强人生的故事吧。

有一个农村家庭的男孩子，家里世代都是农民，过着面朝黄土背朝天的日子。小男孩从小就有一个愿望，那就是考上大学，让父母过上好的日子。

小男孩的母亲患有先天性心脏病，不能干重活，他就尽力为父母分担一些家里的负担。他6岁时就已经能自己去村里的菜园买菜，帮妈妈编织挣钱。在艰苦的生活中他也养成了勤劳简朴、独立自强的好习惯。

小男孩学习很刻苦，成绩自小就很突出。尤其是小学四年级，还考了全镇第一名，同时获得了当地"希望之星"的称号。那一次，父母很是高兴，那是他第一次看到父母那么快乐。当时他就下定决心一定要学习更好，让父母的脸上有更多的笑容。

但是，在小男孩上初中的时候，母亲的心脏病又一次发作了。医院的诊断结果很严重，这对他本来就不宽裕的家庭来说，真的是雪上加霜。

在困难面前小男孩没有低头，学习更刻苦了，也更加严格要求自己，终于考上了理想的大学，和家人一起坚持渡过了难关。

一分付出，一分收获。由于小男孩的学习成绩优秀，连续两年获得校综合一等奖学金、一等国家奖学金，以及荣获"校三好优秀生"称号和院"十佳学子"称号。毕业后，他也顺利找到了理想的工作。这一切也都是同他在困难面前没有低头、艰苦地同困难做斗争而取得的。

后来有记者采访他，他说："我感谢社会、国家、学校、村里的乡亲，还有我的父母，感谢所有关心和爱护我的人。我会更加努力使自己成才，早一天回报社会，帮助那些需要帮助的人。即使遇到再大的困难和挫折，我也不会服输、不轻言放弃。我始终相信，同困难做斗争，其乐无穷！"

是啊，自强的人在困难面前是不会退缩的！小男孩做到了，我们应该向他学习，不向困难低头。

人生的旅途中充满沼泽、荆棘，人们追求的风景总是山重水复，不见柳暗花明，也许我们前行的步履总是沉重、蹒跚；也许我们需要在黑暗中摸索很长时间，才能寻找到光明。

人的梦想都是绚丽的，而现实往往是残酷的，再美再绚丽的梦终归要回到现实中。无论遇到多么艰难的情况，我们心中都要有一个自强坚定的信念——不能放弃。

放弃是一种懦弱，一种退缩，是对人生困难的一种逃避，也是对命运的屈服。不要哀叹生不逢时，一个人的可贵之处在于自强不息。

成功不是偶然的，同样失败也不是必然的。永不放弃的是积极的行动，人生道路上岂能尽如人意，但求无愧于心。生活并非希望般美好，可我们还是要活在现实中。面对着重重失败，不要放弃，人生的价值贵在坚持。

永不放弃是一个人成功的必要条件。世界上没有半途而废的成功者。只有坚持到底、永不放弃的人，才有可能抵达成功的彼岸。

决心成功的自强不息者没有永远的失败。只要你决心成功，所有的挫折和磨难，都只是对你的一种考验。

在通向成功的途中，拥有不放弃的品质是非常重要的，在面对挫折时，要告诉自己：要坚持，再来一次。因为这一次的失败已经成为过去，下次的成功刚刚开始。如果现在放弃，就一定不会获得下次的成功。

有句话说得好："不放弃的人无往而不胜。"所谓的不放弃，是指主动而不是被动，它是一种主导命运的积极力量，而不是向环境屈服。在通往成功的道路上，我们要保持不放弃的信念，凡事不要轻易地放弃。只要有一丝希望，就应当去试试。也许在你坚持一下后，前面迎接你的就会是成功。

不放弃可以令人保持冷静，并做出理智的思考；不放弃能让人在思想放松时保持克制，容忍原本所不能忍受的事情；在寻找成功的过程中，要有一份坚持下去不达目的誓不罢休的决心；这样，你就具备了自强的重要品质——不放弃！

我们都知道水滴石穿的道理，只要在奋斗的路上持之以恒，什么都可以做到。我们的字典里不应该有放弃、办不到、没法子、不可能、成问题、失败、行不通这类愚蠢的字眼。既然我们已经做出选择和决定，无论在未来遇到什么困难，我们都应做到：坚持下去。

忍耐，就能等来机会

我们的成功，很多时候来自于忍耐，因为人生犹如潮水一般，有潮涨的时候，也有潮落的时候，在潮涨的时候我们要戒骄戒躁，不要得意忘形；在潮落的时候我们要充满自信，坚定如一。

我们的人生不会是一帆风顺的，很多时候我们都要学会忍耐，因为忍耐会带给我们力量，忍耐会带给我们机会，当我们收回拳头的时候，不是因为我们放弃了搏击，而是我们在积蓄力量，因为只有收回的拳头打出去才能更有力。让我们一起看看留学女孩小米学会忍耐的故事吧。

2010年12月29日，在大家刚过完圣诞、准备迎新年时，一句韩语也不会的小米，就急匆匆地只身来到韩国。

吃不惯的饭菜口味、不习惯的生活方式，这些是事先预料到的，但最可怕的是，一到韩国，小米就发现"上当"了。原来，韩语并不像传说的那样容易学会，韩语中的很多尾音发音，在中文中并不存在。

说惯了汉语的小米，真想自己的舌头能有"九曲十八弯"的功力。不会韩语，就形同失语，这对于伶牙俐齿的小米来说，无疑是一件很痛苦的事。于是，2011年整整一年，小米每天都跟着收音机练习发音，与"失语"抗争。

忙完一天，夜深人静时，思乡的情绪就会悄悄来袭。小米觉得，寂寞就像一种透明的毒气，看不见，摸不着，但却可能会被它杀死……而对付孤独最好的办法，就是让自己更忙碌。

于是，小米像个疯子一样，拿着书本，独自在屋里走来走去，念念有词。实在闷得难受时，她就和床上的布娃娃说话，说着说着，多数是以哭一场来收场。可在给父母的家信中，小米从来都是报喜不报忧，寄去的照片，也全是笑嘻嘻的样子。

小米慢慢成熟了，她懂得把那个不快乐的自己藏起来，把快乐奉献出去。

除了语言和孤独，让小米难受的，还有韩国学生对中国的一些误解。一天，班上一个韩国男生竟然问她："你们中国有出租车吗？"这让小米大为震惊，也很受伤害。当时，她的语言还没有过关，只能用半通不通的韩文加英文，结结巴巴地向那个韩国学生讲述了关于中国的许多事。

那个韩国男生听懂了小米的讲解，最后说："原来中国也是一个很不错的国家呀！"

那一次，小米对"自强"这个词，有了更深刻的理解。她认为，只有自身强大，才会拥有傲人的地位；只有国家强大，每个国民的地位才会相应提高。

于是，每当遇到困难，感到快要崩溃时，小米就反复地听那首《掌声响起来》的歌："经过多少失败，经过多少等待，告诉自己要忍耐……"

每听到此处，小米都泪如雨下。她在心底反反复复地鼓励自己：既然选择了愿望，就要风雨兼程；既然来到了韩国，就一定要专心学习，一定要忍耐，一定要坚持，一定要自强！

人生的道路坎坎坷坷，总不会永远一帆风顺，总会有事与愿违之时，你不可能看透你身边所有的人，当不幸的事在你面前发生的时候，当有人对你的成功产生嫉妒的时候，当你的好朋友背叛你的时候，你如何遏制这即将迸发的怒火呢？最好的方法就是忍耐！

当然，忍耐并不是懦弱，也不是任人摆布！不是那种"人生在世不如意，不如散发弄扁舟"的消极对待，不是"月过十五光已少，人到中年万事休"的不求上进、自甘平庸的借口，更不是"人生得意须尽欢，莫使金樽空对月"的玩世不恭！

忍耐是一种博大胸襟的体现，是退一步海阔天空的悠然，是将怨气看作浮云的恬淡，是"不以物喜，不以己悲"的深层诠释。

有时，生活需要你忍耐；有时，你必须忍耐生活。

因为，忍耐，是一枚酸涩的橄榄，是一剂苦口的良药，是向自己意志的挑战，是对自己毅力的冲击，宁折不弯未必就是真豪杰，能屈能伸方显英雄本色！

忍耐，是一种润滑剂，可以消除人与人之间的摩擦；是一种镇静剂，可以使人在众多的纷扰中恪守宁静；是一束阳光，可以消除彼此的猜疑和积怨；是一座桥梁，可以将彼此间的心灵沟通！

忍耐，会使你的胸怀更加宽广；忍耐，会为你减少不必要的烦恼；忍耐，会给你带来阳光和快乐。学会宽容，学会忍耐，会为你的人生增添一笔难以估量的财富。请牢记齐白石老人的忠告吧："人誉之，一笑；人骂之，一笑。"

我们可能会由于涉世未深而不懂得忍耐的真正内涵，其实忍耐不是终点，它只是为了让自己更好地达到目的，懂得忍耐的人不是优柔寡断，相反是一个理性、有头脑的人。

忍耐是制胜的法宝。做人能坚忍者必成大事，坚忍是一种明退暗进，更是一种蓄势待发。今天的坚忍是为了明天更大的成功。

忍耐对我们来说是一种磨砺，是一种意志力的体现。

很多人认为，忍耐是软弱。而实质上忍耐是一种修养，忍耐是在经历了暴风雨的洗礼之后，自然培养的一种涵养，忍耐能够磨炼人的意志，使人处世非常沉稳，面临厄运而泰然自若，面对毁誉而不卑不亢。

忍耐使人变得刚直不阿，淡泊名利。忍耐可以使人以坚强的心志和从容的步履走过岁月，走过人生。假如失去了忍耐，就会造成可悲的结局，由于每个人所处的环境、地位和拥有的文化水平不同，所以青少年要忍耐生活给自己的压力和困难，让自己在成功的路上走得更加平稳，让自己更加坚强。

生活的困难在人们的心中埋下了太多的隐痛。忍耐可使人相信，风雨过后，风平浪静，暴风雨之后的天空格外明亮、清新。我们要学会忍耐，学会在忍耐中锲而不舍地追求，在忍耐中更深刻地感受人生、品味生活。身处逆境，一时无力扭转艰难的局面，那么最好的做法就是：学会忍耐，因为学会忍耐就会无限地接近成功。

忍耐是一种修养，忍耐能够磨炼人的意志，使人处世沉稳。

学会忍耐就是要把主要的精力放在追求生命的价值上，让自己的人生更充实，让生命更精彩。当身处困境、碰到难题时，想想自己的远大目标吧！千万别为一时之气而放弃长远目标。

忍耐不是逆来顺受，不是消极颓废，也不是在沉默中悄然降下信念的风帆。

忍耐是当一根火柴燃烧到一半的时候，接受另一半炙热的煎熬；忍耐是考验意志、毅力的一种方式；忍耐是一个从大西洋的底部爬向珠穆朗玛峰顶部的艰难过程；忍耐是意志的升华和为了使追求成为永恒；忍耐是初春的细雨，夏天的凉风，秋天的熟果，冬天的暖意。

人们常说，"忍"字头上一把刀，这把刀让你痛，也会让你痛定思痛。这把刀，可以磨平你的锐气，但也可以雕琢出你的勇气。百忍成钢，当你的心性修炼得有如镜子般明澈、流水般圆润时；当你切切实实生活在不以物喜、不以己悲的宁静中时；当你发觉胸中不断流动着"虽千万人而吾往矣"般的勇气时，历经千锤百炼，你的刀也就炼成了。

学会忍耐吧！挺起坚强的脊梁，用快乐和潇洒激励我们的意志，那么你的人生不论是低迷或是高涨，都将壮美如画。

创新让我们更强大

创新是指我们为了发展的需要，运用已知的信息，不断突破常规，发现或产生某种新颖、独特的有社会价值或个人价值的新事物、新思想的活动。创新的本质是突破，即突破旧的思维定式、旧的常规戒律。

在我们的日常生活中，往往会形成一种惯有的思维定式，而一旦有了新的想法和行为，也往往会受到排挤。所以，我们要抛开这种惯有的思维方法，去创新，去另辟捷径，这样才会有新的发现、新的收获，我们才可以懂得更多。

可是，在许多人看来，创新是过于神奇的事情，是科学家的专利，不是一般人能够做的，离自己太过遥远。其实这是非常错误的观念。如果你不信的话，让我们来看一个小男孩的故事吧。

一天早上，一位贫困的牧师，为了转移哭闹不止的儿子的注意力，将一幅色彩缤纷的世界地图，撕成许多细小的碎片，丢在地上，许诺说："小约翰，你如果能拼起这些碎片，我就给你2角5分钱。"

牧师以为这件事会使约翰花费上午的大部分时间，但不到10分钟，小约翰便拼好了。

牧师："儿子，你怎么拼得这么快？"

小约翰轻松地回答："在地图的另一面是一个人的照片，我把这个人的照片拼在一起，然后把它翻过来。我想，如果这个'人'是正确的，那么，这个'世界'也就是正确的。"

牧师微笑着给了儿子2角5分钱。

按照惯性思维，小男孩一定会像牧师想的那样，半天也拼不出世界地图。但是小男孩打破了惯性思维，从地图另一面的照片入手，所以他成功了，这就是创新的力量。

创新是一个国家和民族发展的不竭动力，它不断地推动我们的社会向前发展，可以说从地球上出现人类的那一刻起，创新就从未停下过它的脚步。我们青少年是国家未来的希望，是全面建设小康社会的主力军，倘若我们不懂得创新，不敢于创新，那么我们的国家还谈何发展？谈何赶超世界先进水平？

可能有些青少年会认为，创新的能力是与生俱来的，自己天生就不具备这样的能力，是不可能创造奇迹的，这种想法实在是大错特错。

创新的能力并不是生来就有的。它必须要有一个知识积累、社会积累的过程。

可以说，一个人创新能力大多是在后天的锻炼中形成的。因此，过去不成功不代表未来不成功，现在成功也并不代表以后还会成功，只有不断创新，才能有持久的辉煌。

相信每个人都渴望自己能够开拓一条成功大道，在这条道路上人人都是平等的，能否走到尽头就看你的目标是否远大，你的思维是否足够开阔，你的梦想是否足够大胆。

只有敢于拼搏，敢于创新，敢于和成功者对垒的人，才是人生当之无愧的强者，纵然最终没能取得成功，但至少可以从成功者那里学到知识，为以后的成功奠定基础。

拥有创新的智慧就拥有了一笔巨大的无形资产。在很多时候，停滞不前不是因为没有努力，而是因为墨守成规，以至于无法适应外界的变化。

要想创新就必须培养自己敏锐的洞察力，同时还要不断地积累各种知识，只有这样才能让自己真正拥有创新的意识与勇气，才能在未来的人生道路上用创新的智慧创造出精彩的人生！

"长江后浪推前浪，一浪更比一浪强。"只有学会不断创新，才能变得更高更强。让我们一起学会创新，不断奋斗吧！

让潜能喷发出异彩

我们每个人的潜能是无限的，只要你去挖掘，完全有可能在某个方面成为专家。通常我们表现出来的能力，只是其真正能力的一小部分，而大部分潜在的能力都未能得到真正开发。

不是每个人都能够认识到这一点的，不是每个人都能够认识到自己的潜能是无限的。正是因为如此，我们的周围不少人面对自己更多的不是欣赏，不是肯定，而是在与别人的比较中不断发现自己的不足，不断地增加惭愧与自卑。

所以，面对潜能，每个人都应该好好思考，该如何挖掘自己的潜能。无论你现在几岁，无论你现在处境怎样，只要你想改变，一切皆有可能，因为你的身上潜藏着无限的能量等待着你挖掘。

当然，挖掘潜能并不是你胡思乱想之后的随意决定，是你清醒认识自己之后的正确选择；认定目标之后，锲而不舍地努力，努力再努力。

只要勤奋，就会出现奇迹。这就是说，我们在学习中一定要勤奋，只要勤奋，总有一天潜力就会被挖掘出来。有位哲人说过：人的天赋如火花，它可以熄灭，也可以燃烧起来。要使它成为熊熊大火的方法只有一个，那就是劳动、劳动、再劳动；勤奋、勤奋、再勤奋！

我国著名乒乓球运动员邓亚萍就是一个极好的例证。朋友们，让我们一起来看一下她的人生故事吧。

有人曾说过邓亚萍不适合打乒乓球，也许邓亚萍曾经犹豫过，也彷徨过，甚至产生过放弃打乒乓球的念头，毕竟自己的个子的确不如队友，身高仅1.50米的邓亚萍手脚粗短，似乎不是打乒乓球的材料，5岁时就开始学打乒乓球，因为个子太矮被河南省队排除在外，只好进入郑州市队。

在邓亚萍犹豫彷徨时，有人帮助过她，但更关键的是她自己帮助了自己，她知道自己可以打好乒乓球，因为她热爱，因为她投入，凭着苦练、无所畏惧的胆量和顽强拼搏的精神，10岁时，在全国少年乒乓球比赛中获得团体和单打两项冠军，后加盟河南省队，1988年被选入国家队。

13岁夺得全国冠军，15岁时获亚洲冠军，16岁时在世界锦标赛上成为女子团体和女子双打的双料冠军。1992年，19岁的邓亚萍在巴塞罗那奥运会上又勇夺女子单打冠军，并与乔红合作获女子双打冠军。1993年在瑞典举行的第四十二届世乒赛上与队员合作又夺得团体、双打两块金牌，成为名副其实的世界"乒坛皇后"。

邓亚萍的出色成就，改变了世界乒坛只在高个子中选拔运动员的传统观念。前国际奥委会主席萨马兰奇也为邓亚萍的球风和球艺所倾倒，亲自为她颁奖，并邀请她到国际奥委会总部做客。

邓亚萍打球的经历，让那些看似不可能的事情变成了可能，甚至让邓亚萍自己也成为一个难以被后人超越的传奇。

还是邓亚萍，从一个对知识知之甚少的运动员转型到一个清华大学的学生直至最后获得剑桥大学的博士，更是证明了人身上的潜能之大。

24岁的邓亚萍刚到清华大学外语系报到时，指导老师让她一次写完26个英文字母。当时在别人眼中看来最简单不过的事，邓亚萍却费尽心思后才把它们写出来，而且似乎没有写全。

于是邓亚萍把自己的睡眠时间压缩到最低限度，经常学习到很晚才休息，早上5时起床，苛刻地学习14个小时。有时，一边走路一边看书，就连吃饭的时间都用上了。更重要的是，在打球时候一直保持的1.5的好视力也退到了0.6。

邓亚萍不断要求自己，做作业也要和完成训练课一样，绝对是今日事今日毕，毫不含糊。邓亚萍这种刻苦学习的精神，让辅导老师和学友们都深为叹服。

1998年2月，邓亚萍前往英国诺丁汉大学读书。邓亚萍在诺丁汉的语言学校开始学习英语，短短3个月的时间，邓亚萍坚持每天8点多从自己的住所赶往学校上课。下午3时30分下课后，她还到学院的学习中心去学习，听磁带、练口语，直到晚上8时学习中心关门后才返回住所。

回到住所，邓亚萍也从不浪费时间，她坚持和房东用英语交流，坚持按时完成作业和预习功课。

她获得硕士学位后，又动身前往剑桥大学攻读博士学位，直至最后获得博士学位。

朋友们，我们已经看完邓亚萍的成功故事，你说人的潜能是不是很大？邓亚萍自身的条件并不是很好，但是她经过辛苦奋斗，将自己的潜能发挥了出来，实现了一般人实现不了的成功，非常值得我们学习。

你是不是也非常想发掘出自身的潜能呢？其实能不能挖掘自身的潜能，关键的因素就是你自己，你愿意去做，你想去努力，你想改变，一切就会因为你的努力而改变。

不到高山，不知平地。不经过失败，就不知道成功的艰难曲折。挖掘潜能如挖井，挖掘过程也许是直线，也许是曲线，只有那些坚信自己有潜能的人，才能挖到水源。

亲爱的朋友，我们每个人的身体内部都蕴含着相当大的潜能。著名科学家爱迪生曾经这样描述潜能对于人们的巨大影响和作用："如果我们做出所有我们能做的事情，我们毫无疑问地会使自己大吃一惊。"

一位山民拥有一块肥沃的土地，本来生活得不错。但是，他渴望得到人们传说中的一块珍贵的钻石。于是他卖掉土地，离家出走，到遥远的地方寻找钻石。然而，他一无所获，非常失望。于是选择了自杀。

后来，那块土地转让给了另外一个山民。买下这块土地的山民在土地上散步时，无意中捡到一块亮闪闪的钻石。就这样，在这块土地上，新主人发现了最大的钻石宝藏。

这个故事有什么含义呢？它告诉我们一个很深刻的生活哲理：每个人都拥有丰富的钻石宝藏，即潜力和能力。这些潜力和能力足以使自己的理想变成现实。而你所要做的只是开发自己的"钻石"宝藏，不断地挖掘和运用自己的潜能。但是人们却往往缺少发现的眼光。

波兰作家显克微支说："人生是最伟大的宝藏，我晓得从这个宝藏里选取最珍贵的珠宝。"成功只属于那些相信自己能力的人，属于那些善于正确开发自身潜能的人。

我们要实现自己的人生目标和理想，必须正视自己的优缺点，要敢于向自己的缺点亮剑，而不是一味地逃避和退缩。挖掘自我潜能必须不断地发现真正的自我，不断地挑战自我，一个人一旦如此，便可改变一蹶不振的精神，甚至可以改变他的整个思想及生活状况。

挖掘自身的潜力，必须要勤奋。而懒惰的人不肯勤奋，开掘就无从谈起，潜力表现不出来，天赋也就与他无缘。潜力在每个人身上都是巨大的，要想提高自己的竞争力，就要在开掘潜力上下功夫，我们青少年要想提高自己的能力，也要在开掘潜力上下功夫。

有人曾说："个人之间天赋才能的差异，实际上远没有我们所设想的那么大。"马克思在引用了这句话后接着说："搬运工和哲学家之间的原始差别比家犬和猎犬之间的差别小得多。"

我们的成就如何，并不主要取决于先天所赋予的才智，而是取决于在漫长的人生道路中能否做到勤奋学习、刻苦攀登。

人的潜能存在于潜意识中，因此，我们青少年要实现自己的人生目标，必须树立自信，在明确目标的基础上，开发潜能，这一点非常重要。总之，勤奋出智慧，勤奋出成就。

勤奋既是一种可贵的美德，更是一种应当养成的习惯。朋友，只要我们好好地开发自身的潜能，刻苦学习，努力奋斗，任何奇迹都可以创造出来。

第五章
在竞争中提升自己

　　竞争，不是单纯的争强好胜，也不是丛林里的弱肉强食，更不是为鸡毛小事而钩心斗角。竞争的目的是超越自我，开发潜能，激发学习热情，提高工作效率，取长补短，共同进步。

　　竞争会让我们发挥出巨大的潜能，创造出惊人的成绩。对于年轻人来说，唯有养成良好的竞争习惯，勇敢积极地参与竞争，树立战胜挫折的坚强意志，方能真正地立于不败之地。

有竞争才有成长

在经济飞速发展的今天，竞争已成为我们生活中不可或缺的内容。不管爱还是不爱、接受还是不接受，我们每天都要面对大大小小、形形色色的激烈竞争：成绩竞争、名额竞争、名次竞争、升学竞争、就业竞争……

可以毫不夸张地说，现在的社会是一个竞争的社会，我们要培养自己的竞争意识，了解竞争的残酷性，并积极勇敢地参与竞争，才能在未来的社会中占有一席之地。

那么什么是竞争意识呢？竞争意识就是一种积极的进取心，是一种锐气，是一种"不争第一，誓不罢休"的倔强。养成竞争的习惯，对一个人的成长极其重要。

既然我们无法摆脱每天面临的各种挑战，那就只有不断锐意进取，积极地参与竞争。这种意识对于成长太重要了。

首先，积极参与竞争，可以激发一个人强烈的荣誉感，能最大限度地调动勤奋好学或积极从事其他创造性活动的内驱力。

青少年最普遍的心理特征就是迫切希望自己的能力得到老师和同学的认可。而在竞争氛围中，这种心理需求会更强烈。我们会在你追我赶的竞争中形成积极的心理准备状态，为获得优异成绩或其他创造性表现、为赢得老师和同学的赞誉而奋发努力。

我们一旦在竞争中取胜，或由于点滴进步而赢得老师的赞美和同学的鼓励时，自信心和荣誉感就会随之增强，进而会转化为不断前进的动力，甚至因此而彻底改变自己。

其次，积极参与竞争，能使我们真正获得对自己学习能力或其他能力的基本评价，能让我们及时发现自己的不足、优势和尚未发掘的潜能。

再次，竞争能增强自信心。当我们积极地在不同内容和形式的竞争中不断获胜时，自信心和自尊心就会不断得到强化，并产生一种螺旋效应，促使我们内心越来越向往竞争，并在竞争中具有主动性且富有表现力，最终成为胜利者。而这种胜利无疑会再次有效地强化我们的自信心和自尊心。

最后，竞争中成功的快乐可以激发积极情绪，增强求知欲望。在竞争中获取成功，是个人价值的体现，是自我实现要求的满足。而自我实现或创造潜能的发挥本身就是一种奖赏，是一种高峰体验，是一种极度快乐的状态。

很多优秀的企业家，无一不具有强烈的竞争意识。比尔·盖茨具有赛车手般的竞争心态，美国有线电视新闻网（CNN）创办者泰德·透纳是"一个百折不挠的竞争者"。但天才人物不是天生的强者，他们的竞争意识并非与生俱来，而是在后天的奋斗中逐渐形成的。同样，通过学习，你也能有胆有识，敢于竞争。

不过，有两点需要提示你注意：

第一，弱者不败。在生活中，有不少偏远山区的青年考入大学后有着很强的自卑心理，不要因为弱小而不敢与人竞争，只要相信弱者不败，就能培养出竞争意识。

第二，永不满足。有些人在学习上小有成就后，就不思进取，认为自己已经算得上是一个强者了。或许我们今天所到达的境地足以令人羡慕，但倘若我们满足了，就等于主动放弃了提升自己的机会，眼睁睁地看着别人超越自己。因此，我们要有进取心，不能允许自己停下来。

这里需要我们注意的一个问题是，参与竞争，需要具有竞争的实力。与其临渊羡鱼，不如退而结网。既然我们生活在充满竞争的世界，那就要早做"结网"的准备。对于青少年来说，现在的主要任务就是储备知识技能，只有硬件过关，才能在竞争中大展拳脚。

人生如逆水行舟，不进则退。人要有敢于拼搏、敢于争第一的精神，才能在人生的画卷上留下一抹亮丽的色彩。对于年轻人来说，在自己的成长道路上不甘落后，敢于脱颖而出；在人生旅途中，要敢于冒尖，争当第一。

奥运冠军林丹就是一个勇争第一的人。"当我结束运动生涯时，没有人能够超过我的纪录。"这就是林丹的豪言壮语。

> 林丹从小就很好强，什么事都要争第一：家庭运动会，要拿冠军；早上到场馆，要第一个到；环城跑，力求当上头名。
>
> 在羽毛球赛场上，林丹以这种不服输的精神战斗着。李宗伟、鲍春来、陈金、朴成焕……这些人没有一个是好惹的，他们经常霸占着世界羽毛球男子单打靠前的排名，并且每一个人都有自己的独门秘籍。每一个人对阵林丹的时候，都会使出120%的力气。打败林丹已经成为他们心中的目标，只有打败林丹，他们才有出头之日。
>
> 有句话叫"敌强我更强"。林丹就是这样一个不怕对手如何强大的人。他天生就有一股不服输的劲头。在奥运会赛场上，在关键时刻，林丹凭着自己的实力、敢于争第一

的毅力和决心，最后夺冠。

可见，勇争第一的精神多么可贵。这种精神能够将一个人的潜力彻底激发出来。然而，世界上绝大多数人却从来体会不到这种自己创造出来的奇迹，而仅有为数极少的人才有这样的体验。这是为什么呢？原因就在于前者甘于平庸，凡事点到为止，过得去就行。而后者永远都保持积极向上的态度，拥有永争第一的勇气和精神。

事实也正是如此，社会竞争是激烈的，甚至是残酷的。只有具有永争第一的勇气和精神，才能出人头地。所以，青少年要想在竞争中立于不败之地，就要在下述几个方面锻炼自己。

一是从小事做起。就像林丹一样，每一件事都要争第一。上学第一个到，体育要得第一，学习要争第一……当然，我们要明白的是争第一，要靠实力，要靠勤奋努力。

二是有不畏艰险的勇气。我们可以看见许多人，做起事来喜欢避繁就简，对于其中麻烦、困难、乏味的部分，不愿接触。这就好像那些打算占领敌人阵地的士兵，不愿麻烦手脚去破坏敌人的炮台，结果被敌人轰得东躲西窜、无处安身。

所以一个希望获得成功的人，必须下决心克服困难，不畏艰险，勇往直前。

三是不断充实自己。一个勇于争第一的人，会随时提高自己的能力，任何事都要做到比别人好。总是睁大眼睛关注一切接触到的事物，非要观察思考到完全明白才罢休。总是会抓住机会去学习、磨炼和研究，对有关自己前途的学习机会，看得非常重。即使是一件极小的事情，也要做好。

四是勇敢面对竞争。竞争是一种积极的意识，是一种习惯，我们只有勇敢地面对竞争，才能在未来的路上走得更稳健。

有位记者在采访一位登山专家时问："如果我们在半山腰突然遇到大雨，应该怎么办？"

登山专家说："向山顶走。"

"为什么不往山下跑？山顶的风雨不是更大吗？"记者疑惑地说。

"向山顶走，风雨可能更大，却不足以威胁你的生命。至于向山下跑，表面看来风雨小些，似乎比较安全，但却可能因为遇到暴发的山洪而危及性命。"登山专家严肃地说，"对于风雨，逃避它，很可能被卷入洪流；迎向它，能获得生存的机会！"

面对竞争，逃避和退缩是懦弱的行为，也意味着失败。而勇敢地迎上去，才可以成为自己人生的主宰。在人生之路中，如果有了直面挑战的勇气，当竞争变成自己的一种习惯时，还有什么可怕的呢？

乐于展示自己的风采

首先，我们做一个小小的测试：学生时代，上课时你会积极地举手回答老师的提问吗？你会积极地参加学校、班级等组织的演讲比赛吗？在一些活动中你敢于展示出自己的特长吗？在人际交往中，你敢大方地介绍自己吗？

如果你的答案是肯定的，那么，恭喜你，你是一个敢于展现自己的人，也是一个能够抓住一切机会成就自己的人。

为什么这样说呢？那就看看下面的故事吧。

有一天，有一位贵族要举行一个盛大的宴会，邀请的客人有著名的实业家、高贵的王子、傲慢的王公贵族，以及眼光挑剔的专业艺术评论家。

就在宴会开始前，却出现了意外。放在桌子上的大型甜点饰品被弄坏了，管家急得团团转。这时，厨房里一个干粗活的小男孩走到管家的面前认真地说道："如果您能让我来试一试的话，我能造另外一件来顶替。"

管家不相信他，但小男孩坚定地说："如果您允许我试一试的话，我马上会造一件东西摆放在餐桌中央。"除此之外也没有别的办法了，管家只好答应了小男孩。

接下来的事情让他惊呆了。小男孩不慌不忙地用一些黄油雕成了一只蹲着的巨狮，然后摆到了桌子上。

晚宴开始了，当客人们走到餐厅后，很快就被餐桌上卧着的黄油狮子震住了。他们不断地问主人，这究竟是哪一位伟大的雕塑家做出来的，简直太棒了。

主人也愣住了，他立即喊管家过来问话，于是管家就把小男孩带到了客人们的面前。当这些人得知面前这个精美绝伦的黄油狮子竟然是这个小男孩仓促间完成的作品时，都不禁大为惊讶，整个宴会立刻变成了对这个小男孩的赞美会。

这时，宴会的主人做了一个决定，出资给小男孩，请最好的老师，释放他的天赋。

后来，世界上就有了一位著名的雕塑家——安东尼奥。

安东尼奥正是因为大胆地展示自己的才华，才获得了他人的赏识和帮助，进而获得成功的。在这人才济济的社会中，在这能者辈出的校园里，如果你想有所收获，想拥有更强的竞争力，你就要勇敢地展现自己。机会永远不会主动找上门来，必须主动地不断地展现自己，才能让别人看到你的才华，看到你的能力。你才能找到赏识自己的人，找到施展自己才华的舞台。

为了让自己将来能融入充满竞争的社会生活中，我们一定要养成敢于展现自我的习惯。那么，我们平时要如何做呢？

很多青少年不敢积极展现自我，其实是有一定的原因的，只有找到这些原因并解决问题，才能展现出最好的自己。

一般来说，影响我们自我展示能力的原因主要有三个。一是不自信，缺乏展示自我的勇气，总觉得自己做不好。二是太要强，担心自己做不好会被别人笑话，有损面子，更担心在他人的心目中留下不好的印象，因此宁可沉默观望。三是怕别人说自己出风头，不谦虚，因而放弃展示自我。

无论是什么原因造成了不敢展示自己的状况，最终的结果对我们自身的发展都是不利的。要尽快地改变这种心理。

在学习和生活中，有些人总是很害羞，不愿意出风头，觉得不好意思。其实，完全没有必要，社会发展需要的是真才实学，只要有实力，就应该亮出来。所以，我们必须抓住一切机会锻炼自己，展示自己。只要我们勇敢地踏出第一步，就能够从中获得信心，从而满怀激情、信心十足地对待每一天的每一件事情，把握自己的将来。

例如，如果你是学生，就大胆地坐在第一排，积极地举手回答问题。如果你是班干部，那就在班级活动中积极展示你的组织能力和领导能力，如果你是一名普通学生的话，可以参加班级以及社团干部竞选，比如你可以报名参加晚会演出，表演不好没关系，最重要的是要别人先记住你，这也可以培养你的勇气。

另外，在一些活动中，如果有人向大家征求意见和看法，而你恰恰对此有自己的见解，那么就请大声说出来。不善于抓住机会表达自己的观点，就没有人能了解你的真实想法。

或许你的建议不是最好的，但倘若能在正确的时间小心谨慎地提出正确的意见或建议的话，你的头顶上自然就会亮起"积极的光环"。

人的才能是多方面的，有的表现得明显，有的表现得隐蔽。只有先发现长处，才能扬优成势。当你找到自己的长处后，接下来要做的就是要逮到机会发挥它最大的作用，让它带着你出人头地。

许多学有所长的人，往往对其他领域的知识嗤之以鼻。这是不对的。虽然说发挥自己的长处更能吸引人，但专长和能力是一张网，需要你设法去获得各种必要的能力与知识来编织，否则，这种自我展现就变成了吹嘘自夸，让人生厌。

因此，在日常学习和生活中，我们要不断积累知识，扩大自己的知识面，锻炼自己各方面的能力，如流畅的表达能力，缜密的分析能力，善于发现问题和独立思考的个性品质等。这些都是展示自我必备的"内功"。

如果你想展示自己，还必须增加自己曝光的频率，让别人可以有机会认识你。年轻人可以多参加高级管理人员工商管理硕士的学习、各种兴趣协会等团体，即使像公司内部的工会、旅游团、健身俱乐部等团体，也都是展示自己形象的机会。

另外，现在通过网络交友、网络读书会、网络论坛交流，甚至通过建置博客，都能随时在网络上抒发自己的想法，让自己的人际关系网络快速扩充，因此只要多用点心，想展示自己并不难。

总之，我们要记住：如果你是金子，就不要甘心永远被埋在沙子里。要勇敢地亮出自己，这样，你身边的人才会看到你的闪光点，你才会更有竞争力。

把不可能变为可能

我们要敢于向比自己强大的对手挑战。只要我们有了敢于向强者挑战的心态，那些原本看来"不可能"的事情，就有可能成为自己的"囊中物"。敢于挑战，实际上就是给自己压力，自己给自己加压。

"没有压力就没有动力"，这是一句至理名言。试想，如果一个人感到生活很轻松，或者说是做一些简单的事情，这样周而复始年复一年，我们能够从中得到什么呢？我们的勇气、意志又如何能培养出来呢？

在这种舒适的环境中，只能销蚀一个人的意志，腐蚀一个人的斗志。如果我们把自己的人生过程看作是一种比赛，作为一个优秀的运动员，在训练中只有不断地给自己加码，我们最终才会赢得胜利。

自己给自己加码，还可以养成良好的习惯，避免滋生办事拖拉的坏毛病。一个能给自己不断加码的人，一定会懂得珍惜时间，做事雷厉风行，做事效率也会随之得到提高。

我们现在处于一个竞争十分激烈的社会，压力无处不在。观念改变了，我们要战胜旧的自我；环境变了，我们必须有一个新的姿态；社会进步了，我们面临新的任务和目标；竞争激烈，我们必须全力以赴；人际关系发生冲突或者破裂，我们要收拾残局，重新开始。所有的一切都是压力无处不在的具体体现。

正是这种压力的存在，才使我们有了无穷的动力。

不断给自己加码，也就是在跟自己竞争。"没有一件事比尽力而为更能满足自己，也只有这个时候我们才会发挥最好的能力，尽力而为给我们带来一种特殊的权利。一种自我超越的胜利。"

即使是那些我们认为"不可能"的事情，也要去尝试，要觉得自己是一个一流人物，要对自己有点自信才好。把"不可能"从我们的头脑中去掉。

人是能屈能伸的，我们只要有勇气，敢于挑战，就能产生一种超乎寻常的力量。

有一名年轻的飞机修理师，他工作的这个飞机场离一家动物园很近。一天，这个动物园里一头凶猛的黑熊，挣脱了铁笼发疯地跑了出来。它撒腿狂奔，很快就跑到了机场上。

此时，这个年轻人恰好在机场上修一架飞机，这只熊咆哮着向他冲了过来。年轻人吓坏了，他若不躲就会被熊撕成碎片。可周围没有可以躲藏的地方，想跑又没有熊跑得快，这可怎么办呀？

黑熊离他越来越近，他在恐惧之下，不知道哪来的力量，竟然纵身一跃，在没有助跑的情况下，跳上了离地两米多高的机翼。当跑来援助的人们花了很大的工夫终于逮住黑熊时，这才发现年轻人还惊恐地站在机翼上瑟瑟发抖。

后来这个年轻人在接受记者采访时说，他也很惊讶，他从来没有练习过跳高，不知怎么在当时就跳上两米多高的机翼。事后他又去飞机旁试了试，连机翼的一半高也跳不到。

这个年轻人当时是在强烈的求生欲望的刺激下，激发了潜藏在他体内的巨大潜能，从而使得他逃过一劫，保住了性命。

潜能是人类最大而又开发得最少的宝藏！无数事实和许多专家的研究告诉我们：每个人身上都有巨大的潜能还没有被开发出来。

这种敢于向"不可能完成"的事进行挑战的精神，是获得成功的基础。有很多人有一个致命的弱点——缺乏挑战的勇气。只愿做谨小慎微的"安全专家"，对不出现的那些异常困难的事情，不敢主动发起"进攻"，一躲再躲，恨不得能避到天涯海角。

不敢向高难度的事情发起挑战，是为自己的潜能画地为牢，只能使自己无限的潜能化为有限的成就。与此同时，无知的认识，会使我们的天赋减弱，因为我们像懦夫一样无所作为，不配拥有这样的能力。

"勇士"与"懦夫"，根本无法并驾齐驱、相提并论。

我们在向"不可能完成"的事情发起挑战的时候，假若挑战失败了，千万不要沮丧、失望。我们会得到大家的认可，因为我们有敢于挑战"不可能完成"的工作态度，是"勇士"。我们所经历的、所得到的，都是胆怯观望者们永远没有机会知道的——因为他们根本就不敢尝试。

永远比别人更努力

知识经济时代，一个人的发展，首先是自我的完善。要不断地否定自己，不断地超越自己。人最难战胜的敌人是自己。平凡的人听从命运，只有强者才是自己的主宰。

强者自强。现代社会需要和欢迎有强大内在驱动力的人，这类人能自觉地做好自己的每件事，不需要别人监督，自己管好自己。

不论你想追求的是什么，你必须强迫自己增强能力以实现目标。

"能力"表示你知道用最好的方法做好你要做的事。一开始你如果不具备应有的知识或技能，应该尽力想办法努力学习。比如，不断地读书，让好书扩展自己的视野；不断地学习，走到哪，学到哪。

要钻研自己的领域。保持与这一领域的最新发明、最先进技术和最新研究的资讯渠道畅通。参加新的发布会、展示会、讨论会或其他各种集会。敏锐地观察相关的新趋势、新发现，你会为从中发觉新的可能而感到兴奋，这表示你可能已基于过去的努力而为未来发现新的方向。

无论怎样，都要找到在你这行值得你学习的对象，认真地研读、仔细地观看、专心地聆听他们的言行举止，并效法他们的行为。

你如果不加强自己的专业能力，就很难达到顶峰。除了学习之外，没有其他办法。这个原则适用于任何人或任何一个行业。

20世纪80年代初，美国哈雷机车的主管前往俄亥俄州的日本本田机车工厂访问，结果令他们大吃一惊。当时本田在美国重型机车市场拥有40%的占有率，是哈雷最强劲的对手。因为骑车的人都认为本田的车不但价廉，而且比哈雷耐用好骑。

哈雷当时原本只想学学本田来打败他们的科技，但是他们在本田厂内却看不到电脑，也没有机械人，没有特别的作业系统，只有少量的纸上作业。除了几十名职员领导着四百多名装配工人外，再没有别的了。

本田的强，强在它会活用常识，而这也是哈雷要学习的地方。哈雷董事长毕尔斯在比较两个工厂后发现，日本的生产效率比哈雷高得多。

经过苦心研究之后，哈雷终于发现问题的症结所在。原来，哈雷以电脑化库存管理来控制整个制造过程，但是当研究过日本工厂之后，毕尔斯发现美国式的做法其实只会生产许多废料而已。

日本人的方法其实很简单：本田和其零件供应商每天只生产一点点所需零件，而不是像美国每年只生产几次，每次就是一大批。零件得以"及时"生产，就可因无库存而节省数百万美元的资本，也没有零件会因储存而耗损，又节省空间，也简化了整个工厂的作业。如果发现不良零件，通常也只生产了一两天，很容易更正。

向强者学习最终使自己成为强者。在一年之内，哈雷采用了最好的人事管理制度，并在哈雷引进了本田的库存管理系统后，使哈雷在美国国内重型机车市场的占有率得到提高，并且成为世界级的角逐者。

五年以后，哈雷重整旗鼓，在美国重型机车的市场占有率从23%增至46%，而销售额也达到了空前的提高。俄亥俄州之旅使哈雷的态度有了革命性的转变，从美国式的好勇斗狠变成谦卑可亲、到处求知的形象。它使哈雷得以脱胎换骨。

向强者学习的效果是十分惊人的。以眼镜制造商"西柏视力"的前董事长东尼为例。虽然从未碰到哈雷那样的破产危机，但也因为肯向赢家学习而获得彻底的改变。他学习了数十家相关公司的管理经验，发现以顾客为导向的作业管理才是置身世界领袖之林的途径，这使他的经商理念完全改观。

吸取他人经验是第一步，愈学愈会发现强中更有强中手，把企业中每一个环节的表现与各地的同类企业作一比较找差距。

兵法有云：知己知彼，百战不殆。打仗如此，企业与竞争对手相处也莫不如此。取胜的法则之一就是仔细研究你的竞争对手。

1991年全美首富之一的山姆·威顿的资产高达250亿美元。当山姆·威顿开第一家连锁店的时候，他的人生目标就是要成为行业中的最顶尖，既然他的目标是要成为行业中的最顶尖，他就必须确保自己做的每一件事情，采取的每一个服务策略，都比他的竞争对手来得好。

因此，他不断跑到竞争对手的店里，看他们到底做对了哪些事情，他们到底哪里比他好，每当他发现竞争对手做得比他好的时候，他就会立刻想出一个方法，在那个领域超越他的竞争对手。

所以，企业经营者必须养成一个习惯，那就是研究你的竞争对手。美国康州诸瓦克的史都李奥纳，是全球管理最好的超级市场之一。史都李奥纳有一辆巴士，公司就利用这辆巴士定期载员工出去参观别的同行，有时还到400英里远以外的超级市场参观。他们把这种实地参观叫作"一个点子俱乐部"。每个员工至少要找到一处别家超市比史都李奥纳强的地方，而且要提出如何可以迎头赶上甚至超过的点子。

作为企业经营者，必须铁面无私地评估自己的目标和能力，然后模仿、学习、调适，甚至如果肯努力的话，有时候还能青出于蓝，超越原来学习的对象。

要想出人头地就要学习。各行各业的从业者想成为未来霸主，都必须有向杰出同行学习的肚量。以开放的心和受教的态度向这些同行老师学习。

可是今天的企业界却缺乏学习的精神，有勇有谋，唯独少了谦卑的学习态度。只有少数的公司，像哈雷、爱默生电器、西屋和美国航空公司，才体会出向同业学习的道理，其他的都要吃过竞争者的一番苦头才明白学习之道。

无论企业还是个人，永远不要断言你已经找到最好的老师，或是自以为出类拔萃。换句话说，要不断地寻求更好的方式。对个人成长来说，你要比你的竞争对手还努力，比任何人都努力，比第一名还努力，你就一定会成功！

全世界最伟大的篮球运动员迈克尔·乔丹在率领公牛队获得两次三连冠后，毅然决定退出篮坛，因为他已经得到世界篮球运动史中最多的个人光荣纪录与团队纪录，甚至是20世纪最伟大的体坛运动员。

在退休后，他说："我成功了！因为我比任何人都努力。"

乔丹不只比任何人都努力，在他已经是最顶尖的时候，他还比自己更努力，要不断突破自己的极限与纪录。

成功的确需要努力。看看这个世界上的成功人士，他们努不努力？与世界首富比尔·盖茨一起工作的人说他简直是工作狂。

在美国，有一个卖汽车的业务员销售成绩总是在他们公司排名第一，有人问他："你为什么总是第一名？"他回答说："因为我每个月都设法比第二名多卖一部车子。"

这么简单的一个方法，这样简单的一句回答告诉了我们一个简单的成功道理——永远比第一名还要更努力。概而言之，永远比对手更努力。请你努力做一切能帮你成功的事，努力找寻成功的方法，努力阅读与学习，努力采取行动。

如此，你将会越来越杰出。

敢于挑战权威偶像

我们经常听到一些人嘀咕：创新虽好，但创新的路不好走。还有人认为，创新是权威们的事，一个普通人搞创新谈何容易。其实，权威并没有什么神秘，我们也可以成为权威。

我们要尊重权威，而不迷信权威，才能够有所创新，有所突破，取得前所未有的成功。青少年朋友应该敢于把目标定得高远，敢于挑战权威！

国际象棋有一种比赛，简称"卫冕战"。如果某人赢得了冠军，就被誉为"皇帝""皇后"，同时，他就有义务接受别人的挑战。有的是选拔实力最强的代表来对阵，有的是组织声名鹊起的战将轮番来冲击。

冠军经受挑战的考验，"卫冕"成功，权威更大；反之，"冕"被人家夺走，权威便转移了。取得最高权威的人，没有权力拒绝别人的挑战。谁拒绝，就判定谁失败，这是毫不客气的规则。

新生力量，后起之秀，要登上宝座，成为新的权威，只能以挑战者的姿态出现。不敢挑战权威，就永远不能成为权威。

只有挑战权威，才有可能成为权威。"卫冕"的仅一人，挑战的有一群。这种竞赛，高高举起了挑战权威的旗帜，高高张扬着挑战权威的精神。

其实，不仅在象棋中如此，在任何领域，如果想成为权威，就得敢于挑战权威。青少年朋友，我们来看一个挑战权威的小故事吧：

蜜蜂靠什么发出嗡嗡的声音？权威看法都认为："蜜蜂靠翅膀振动发声。"然而，12岁的农家小女孩聂利却对这一传统说法提出了异议。

2002年春天，聂利和妹妹聂纯到一个养蜂场去玩，飞来飞去的蜜蜂引起了聂利的注意。

她想："老师在自然课上讲过，像蜜蜂、苍蝇、蚊子类的昆虫没有发音器官。它们在飞行时不断高速扇动翅膀，使空气振动，产生'嗡嗡'的声音。"

可是，蜜蜂停在蜂箱上时翅膀并没有振动，为什么还会"嗡嗡"叫个不停呢？为了鼓励她的探究热情，老师对她说："我们用感官进行观察，有时候很容易出错。既然你对书本上的知识有怀疑，应该自己动手进行实验研究。"

怎样做实验呢？聂利无从下手。老师告诉她，可以利用在自然课上学到的方法设计实验方案进行实验：提出问题——猜想与假设——观察与实验——整理信息——得出结论。

在老师的帮助下，小聂利制定出了两套实验方案：

第一套：粘住蜜蜂的翅膀看它还发不发声。

第二套：剪去蜜蜂的翅膀看它还发不发声。

在养蜂师傅的帮助下，聂利通过两次实验得出的结论是：蜜蜂不是靠翅膀振动发声。

聂利把实验结果告诉老师，老师对她说："那么蜜蜂靠什么发声呢？你还要继续寻找蜜蜂的发声器官。"

于是她又在上一个实验的基础上制定出一套实验方案。

聂利从实验室借来放大镜仔细观察，在蜜蜂的两个翅膀旁各发现了一个小黑点，经过实验，她得出结论：蜜蜂有自己的发声器官，蜜蜂是靠这两个小黑点发声的。

聂利高兴地对老师说："我找到了蜜蜂的发声器官。"老师对她说："还不能轻易下结论。"并告诉她，为了得到可靠的观察结果，应采取重复观察的方法，并要求聂利把自己的实验过程记录下来，进行整理，写成研究论文，让其他同学也来参与讨论。

于是，聂利利用节假日，历时3个多月，前后进行42次实验，用去蜜蜂2000多只。她每次都将实验现象记录下来。她写了3000多字的观察日记，还将在实验中获得的信息进行整理，用表格的形式列出来。

在做实验的过程中，聂利吃了不少苦头，也积累了不少经验。受到了蜘蛛网的启示，她发明了黏虫网：用铁丝圈成一个带柄的圆环，将蜘蛛网缠在圆环上。在养蜂师傅的帮助下，她先用黏虫网粘住蜜蜂的翅膀，再用镊子去捕捉，就安全多了。

聂利还发现，用镊子捉蜜蜂也有一定技巧：只有夹蜜蜂长翅膀的部位，才不会把蜜蜂夹死，也不会让它逃跑。

后来，聂利参加了全国青少年科技创新大赛，她的作品《蜜蜂并不是靠翅膀振动发声》获得了生物学二等奖。

聂利从青少年科技创新大赛归来后，《人民日报》《中国少年报》等全国30多家新闻媒体报道了她的事迹。

中央电视台特邀聂利赴京与著名科普作家叶永烈等同台做《小崔说事》专题节目录制。人们对她大胆质疑、勇于探究的精神表示赞赏。

古今中外，凡是能做出一番大事业、取得一番大成就的人，无不具有创新思维，没有创新就没有发展，而做事要想获得成功，必须懂得"发展才是硬道理"的道理。因此，做人一定要敢于挑战权威、打破常规，运用自己的创新思维，出奇制胜。

权威是经过一番考验，已为众人所认可的根深蒂固的东西。它值得我们学习，但是权威也并不是完美无缺、牢不可破的，要成大事就要敢于挑战权威，战胜权威。

不去挑战权威，为权威所震慑，那么做事必难成功。一个人如果在权威面前，奴颜婢膝，点头哈腰，那么只能生活在人家的阴影里，最多只能成为一个复制人，不可能成就任何自己的事业。所以说，要成大事就一定要能脱离权威的阴影。

权威也会犯错误，合理的怀疑是科学进步的动力。怀疑代表了一种对于现实存在所具有的不确定性倾向，在科学活动中，表现为对权威在新的条件下失去信任，对其重新进行审查、检查、探索的一种理论思维活动。

怀疑产生于人们认识中的矛盾，怀疑是问题的源泉，也必然是创新的萌芽。在怀疑中发现原有理论或技术的不足，在追求真理的过程中要勇于挑战权威，勇于创新才能完成。

青少年朋友在学习中也应如此，不要认为老师的答案就是完全正确的，不要迷信权威，要敢于用自己的实力向权威挑战。学习是为了创新，为了发展，最终是为了超越权威，造就新的权威。对权威的轻视是无知的，对权威的迷信则是盲目的，有时对权威的怀疑恰恰是创新的起点。

英国的洛德·开尔文是一位极富革新精神的物理学家，但晚年却宣称"X射线将会被证明是一种欺骗""无线电没有前途"。

伟大的科学家爱因斯坦，曾竭力反对玻尔等人提出的量子力学统计解释，他也曾断言"几乎没有任何迹象表明能从原子中获得能量"。

以太网的发明人罗伯特·梅特卡夫曾打赌"互联网在2000年前会出现瘫痪"。

凡此种种，都说明了一个问题，那就是：权威也会犯错误。所有的事实都不是绝对的事实，它总是有相对情况而言的，所以，说出"绝对"二字的时候，大部分情况下就已经错了。

权威也会犯错误，我们青少年朋友千万不要被权威束缚了头脑，创新往往就是从怀疑权威开始的。我们要明白，在做学问的时候，要有一颗怀疑的心，这对提出新见解、新理论有着重要的意义，尤其是对权威要勇于怀疑，勇于突破权威建立的旧模式，破旧立新。

当然，挑战权威，说起来容易做起来很难，必须靠真才实学，下一番苦功夫才行。俗话说，"没有金刚钻别揽瓷器活儿"。挑战权威，不仅需要胆略、自信，还需要下功夫和毅力。

不过，当我们成为挑战权威的赢家时，我们也就成了新的权威了！朋友们，让我们一起努力吧！

不断强化自己的优势

欧美一些未来学家曾经预言："当人类跨入21世纪时，每周的工作时间将压缩到36小时，人们将会有更多的时间提升自我、休闲娱乐。"

但历史的脚步真的迈入21世纪时，人们却惊讶地发现，相当多的人每周工作时间在无限延伸，甚至超过了72小时，还有不少人却被"剥夺"了工作的权利，被市场无情地淘汰和抛弃了，而那些每周工作时间在不断延伸的强者愈加发愤苦苦地"提升"自我。

事实上，我们所处的生存空间正在被无限压缩，未来学家们的美好预言被残酷的事实无情地击了个粉碎！

每天早上，在北京各地铁换乘站上，都有大批的上班族在台阶上涌动着，壮观的景象使每个人强烈地感受到竞争的压力像一只巨手在推自己向前走，向前走……饭碗，是那种最消磨人意志、最泯灭人自尊、最打击人自信、最扭曲人灵魂，却又让人活下去的东西，是逼着每个人自己每天激励自己前进的最佳动力。

现实生活是残酷的，真实世界并没有绝对的公平可言。这是一个"赢家通吃""强者至上"的时代，成功和财富成了大家共同追求的目标。在激烈的竞争中，你首先要确定自己的竞争优势，也就是你成为强者的核心竞争力。

任何人一生的精力都是有限的，所以不能求全。当今时代是专业竞争的时代，全而不专的人在每个领域和别人竞争的过程中都是处于劣势的。即使是电脑业的巨无霸——微软，也只是在操作系统和配套软件这个领域具有无可比拟的竞争优势。

一个企业要全心全意发展自己的拳头产品，一个员工要在能发挥自己特长的工作岗位上"越干越强，越干越精"。即使你只是一个普通的清洁工，也要更快把自己的管区打扫得更干净。在一个平凡的岗位上，把自己的能力发挥到极致，这样的人就是最优秀的。在工作中，还要寻找一切锻炼自己的机会，在实战中强化自己的竞争优势。

在这个世界上，所谓"强者"就是那些根据实际需要不断强化自己某种能力和技术的人。

激烈的人才市场竞争时刻提醒着每个人，必须不断地进行自我增值，不断地强化自己的竞争优势，否则就如同耗损的电池失去了应用的价值。应该持续地对自己的优势技能进行强化，这种强化，会让你看到更多的成功机会，也能让你不断地提升到更高处参与竞争。这种更高层次的竞争，是你成为强者的坚实平台。

在计算机领域有一个人所共知的"摩尔定律"。摩尔定律告诉人们，必须通过对操作系统的升级，不断提升对CPU性能的要求。与之有默契的是，英特尔则通过符合摩尔定律的芯片主频提升和性能改善来满足Windows的不断升级，并刺激客户使用耗用资源更多、配置要求更高的操作系统和应用软件。

摩尔定律确定无疑地告诉我们，你必须淘汰自己的产品，以最快的速度推出新的产品，强化自己的优势，让其他人跟不上你的前进脚步，否则你就会被别人追赶上，把你淘汰出局。

一名公司管理者，一年前还曾活在别人的奉承声音里，一年后就很可能被他的下属踩于脚下。不改变自己一定会被别人淘汰，那样的结局会很惨！

在某跨国公司一路攀升，已经做到华北区人力资源总监位置的刘先生，是朋友和同行业人心目中的成功者。但他却说："别看我今天风风光光坐在这里，但两年后我坐在哪里很难预测，因为这个世界变化太快，明天我所在的部门乃至企业往何处去，我无法控制，能把握的只能是提高自己的实力，以强硬的'金刚之身'迎接挑战。"

事实正如刘先生所说的，形势逼人啊。已进不惑之年的刘先生的学历是大学本科，现在在公司已经不出色了，每年都有新进的年轻人，他们的学历不比刘先生差，英文特棒，公司又将他们看作是很有潜力的培养对象，"长江后浪推前浪"，也许不出几年这些年轻人就能赶上他。

有一个人，在不到十年的时间里，就多次改变自己。第一次是在大学毕业后两年，他离开了工作单位宁波市电信局进了外企。第二次是离开外企，创办了一家网络服务公司。最终，他创办网络公司并一举成名。他就是搜狐公司总裁张朝阳。用张朝阳自己的话说就是："不断改变自己，才能成功。"

改变自己，就是淘汰自己。改变，就是把自己从相对安逸的环境中开除出去，再剔除自己身上的缺点。从字面上说，改变自己，还有这样一层意思：如果你是个见了毛毛虫也要打哆嗦的人，那么，请改变自己的懦弱；倘若你是一个毫不利人、专门利己的人，那么，请改变自己的自私……同样道理，我们还可以改变自己的浅薄、浮躁、虚伪、狂妄——总之，你尽可能地改变自己的缺点，使自己不断地趋于完美，就像一棵不断修枝剪蔓的树，唯一的目标，就是为了日后做一棵高大挺拔的栋梁之材。

只有这样，你才会不断进步，你离成功的彼岸才会越来越近。不管怎么说，改变自己，就在给自己提供压力的同时，也提供了更多的希望与机遇，强化了自己的竞争优势，使自己能够永远立于不败之地。

激发自己的冒险精神

比尔·盖茨说："所谓机会，就是去尝试新的、没做过的事。

可惜在微软的神话下，许多人要做的，仅仅是去重复微软的一切。这些不敢创新、不敢冒险的人，要不了多久就会丧失竞争力，又哪来成功的机会呢？"

事实上，在我们每个人的天性中本来都有好安逸的惰性，又比较容易受到环境的影响。许多青少年都满怀壮志、朝气蓬勃，而最后却总是一事无成，之所以这样，主要原因就是在安逸的生活、学习环境中待久了，渐渐地失去了斗志，致使自己的思维能力和应变能力渐渐变得迟钝，为梦想拼搏的勇气也渐渐被消磨了。

而冒险精神是那些有抱负但不敢行动的人的唯一良药。冒险有时可以让人更健康、积极，有活力，并能产生自信。从不冒险的人，不但容易忧郁颓丧、暴饮暴食，承受压力的能力也比较低，而且通常很平庸。很多时候不冒险就永远不会有胜利。

每一个人心里都希望自己成为某个人物，能达到某种境界。问题就出在大家只是坐等机会来临，实际上守株待兔的人等不来机会，只有进取的人才能抓到机会。

在美国老一代企业家中，安德鲁·梅隆不愧是一个"热衷于机会"的人，但他也是通过冒险把握住了机会的。梅隆的一生中经营过银行、石油、钢铁、铝品等，其中有两件事最值得称道。

1889年的一天，三位不知姓名的青年人站在梅隆的面前，问是否愿意替他们偿还银行的一项4000美元的款子，他们手里拿着一块银蜡色的金属，告诉梅隆这就是铝，声称他们找到了一种可行的电解生产法，只是没有资金，因此他们在到处寻找投资人。

梅隆凭着他锐利的眼光，预感到这在将来会大有前途，于是，马上答应为他们偿还4000美元的债务，并很快给他们的匹兹堡电解铝公司投了资金，将生产资本升至100万美元，梅隆掌握了60%的股份。果然，只两年多时间，这家公司就控制了北美的铝生产。

类似的事情在1895年还发生过一次。一位曾与爱迪生共事10年之久的发明家爱德华特·艾奇逊找到梅隆，手里拿着一块闪闪发光的"金刚砂"，由于资金不足，请求资助，梅隆也是凭直觉迅速预感到这一发明的重要商业前景，所以答应艾奇逊的请求，拿出12.5万美元资助，并取得了相当一部分股份，以后这项生产得到迅速发展。

在商品经济条件下，企业家面对优胜劣汰的竞争性市场，他既不能凭借行政权力进行经营，也得不到行政权力的庇护，他只能依靠自己的智慧和才能进行拼搏。企业家的道路是荆棘丛生的，瞬息万变的市场供给和需求；纷繁复杂的社会、经济、政治和文化生活；加速发展的科学技术等，使得企业家任何一项重大经营决策都受到客观环境"不确定性"的影响，都带有一定的风险性。他们必须在风险中寻找机会。

一个房产开发商多次投资冒险都以大获全胜而收场，开发商说，他之所以屡屡得手，主要是他敢于冒险。他在选择一个投资项目时，如果别人都说可行，这就不是机会，别人都能看见的机会不是机会。

他每次选择的都是别人说不行的项目，只有别人还没有发现而你却发现的机会才是黄金机会，尽管这样做冒险，但不冒险就没有赢，只要有50%的希望就值得冒险。

工作与生活永远是变化无穷的，我们每天都可能面临改变，新的产品和新的服务不断上市，新科技不断被引进、新的任务被交付，新的同事、新的老板……这些改变，也许微小，也许剧烈，但每一次的改变，都需要我们调整心态，重新适应。

面对改变，意味着对某些旧习惯和老状态的挑战，如果你紧守着过去的行为与思维模式，并且相信"我就是这个样子"，那么，尝试新事物就会威胁到你的安全感。

对于个人发展来说，冒险则成为通向强者的必由之路。在很多情况下，很多人之所以能够成功，就是因为他们敢为别人所不敢为的。记住，天上不会掉馅饼。我们想要的东西必须靠我们自己的勇气和努力来争取，而这恰恰需要我们去冒险。

那么你也许会问：该如何冒险？下面就来谈谈几个秘诀。

一是要有自信。害怕冒险往往是因为担心自己的能力不足。有趣的是，一旦接受挑战，你会恍然大悟：自己拥有的能力竟然远远超过原来的想象！

所以，积极去参加一些能够锻炼胆量和挖潜的活动吧，如攀岩、急流泛舟等，冒险活动可以让人们萎靡已久的身心重新得到舒展。

二是善于学习他人。榜样的力量是无穷的，我们要善于用英雄人物勇敢无畏的精神激励自己，相信世界上没有征服不了的困难，没有克服不了的恐惧，从而在平时的训练和生活中勇敢面对恐惧，战胜恐惧。

三是不能蛮干。一个人勇于冒险求胜，就会做得更多更好。不过敢于冒险不等于蛮干，而是建立在正确的思考与对事物的理性分析上。一个人只有将准确的判断力和大胆的冒险之心结合起来，才能取得成功。两者缺一都不能取得胜利。

要达到这种境界，就要努力学习，因为知识会给我们力量和勇气。当知识完备的时候，面对冒险，心里才会有底，才能最大限度地发挥出自己的潜能，否则心里不踏实，又怎么会勇敢地冒险呢？

有位哲人曾说："幸运喜欢寻找勇敢的人，冒险是表现在人身上的一种勇气和魄力。"请相信这句话，让冒险精神为自己助跑吧！

真心为对手鼓掌喝彩

生活中，何处无对手？人人都在竞争中长大，而对手注定伴随左右。然而，在现实生活中，我们常常发现，很多人在与对手竞争时，总把对手视为敌人。他们或者希望对手突然出现变故，让自己捡个便宜；或者心怀嫉恨，不择手段地攻击对手；或者在自己失败后给对手挑刺……

这样的人无疑是令人厌恶的，最终的结果往往也很惨。而有些人，面对失败，却能真心地为对手喝彩，这样的人才是真正的"王者"。

在2012年伦敦奥运会上，我国体操运动员陈一冰就完美地展现了这一点。

在吊环比赛中，当陈一冰结束一系列完美动后，几乎所有人都认为这枚金牌非陈一冰莫属了。

　　然而，当巴西队纳巴雷特的分数显示在大屏幕的一刻，现场所有的人都惊呆了。正当很多人都认为陈一冰会为丢掉金牌而懊恼时，他却在场边显得非常平静，脸上洋溢着笑容，一个人平静地走向纳巴雷特向他表示了祝贺并给予拥抱。陈一冰用他的从容与大度赢得了观众的掌声。虽然他没能夺冠，但在观众的心中他同样是胜利者，因为他能为对手喝彩。

　　我们要学习陈一冰这种能够欣赏别人的气度。当对手胜利时，真诚地祝福他们，真心地为他们喝彩，同时在失败中反思和奋起。

　　"强中自有强中手"，若对手确实比你强大，那请为他喝彩，承认他的能力。这反而会为你赢得友谊，甚至会为你带来新的机会。而你自己也会从中看清自我的不足。或许你会说，说得容易，怎样才能做到这一点呢？下面这几点可供参考。

　　首先，我们要搞清楚什么是对手。对手不是敌人，不是对头，而是与己方竞争的另一方。通常实力相当的双方才互为对手，这就是"棋逢对手"的道理。

　　其次，我们要明白什么是竞争，竞争的目的是什么，竞争的好处何在。只有正确理解了竞争，才能正确看待对手。

　　竞争的目的是通过水平相当的几方力量和心理素质等的较量来评选出最优的一方。

　　通过竞争，我们能欣赏美，分享美与成功，不断地超越自己；通过竞争，我们不仅验证了实力，而且可以发现差距，看到自己的缺点，从而找到目标，激发潜力，完善自己；通过竞争，我们还可以收获人与人之间美好的情谊，甚至获得更多的机遇。

从这一点来看，我们应该感谢自己的对手。对手间的终极目标是一致的，都是为了技能素养的提升。对手是相互依存的，我们可以互相促进。对手也是朋友，竞争中我们收获的除了奖杯，还有友谊和关爱。

学会为自己的对手喝彩吧！这并不可耻，也不是懦弱，反而能彰显自己的大度与宽容。为对手喝彩，不仅是肯定了对手，更是鞭策了自己。

人生是一场竞争，但不要忘了生活的目的。生活中一切美好的事物、人物都值得我们赞赏。为对手喝彩，是一种境界，是一种美德，更是一种智慧。

战胜自我，不懈进取

人们常说："不想当元帅的士兵不是好士兵。"所以，面对竞争，很多人都以"当元帅"为最终目标。然而，毕竟元帅只是少数人。人人都当上元帅、当上班长，是一件不现实的事情。

所以，只有正确看待竞争，找准定位，才能在竞争中成长。

对于年轻人来说，只要在前进的道路上，勇于战胜自我，即使失败了也是一种锻炼。要做到胜不骄，败不馁，不要永远活在失败的阴影下，勇敢地去找寻失败的原因，提升自己，战胜自己，相信一定能把人生这局棋走得很精彩！

人生就像是一盘棋，怎样去下，每一步要怎样去走，全由自己来掌握。也许会走错棋，也许会走进死胡同，没关系，只要这盘棋还没有结束，一切转机都有可能出现。

只有勇于战胜自我，才能少一些不必要的烦恼与忧愁。战胜自己，何需等待！拿出你的勇气来，勇往直前，永远进取吧！

朋友，让我们来看一个战胜自我的小故事吧：

巴雷尼小时候因病成了残疾人，母亲的心就像刀绞一样，但她还是强忍住自己的悲痛。她想，孩子现在最需要的是鼓励和帮助，而不是母亲的眼泪。

母亲来到巴雷尼的病床前，拉着他的手说："孩子，妈妈相信你是个有志气的人，希望你能用自己的双腿，在人生的道路上勇敢地走下去！好巴雷尼，你能够答应妈妈吗？"

母亲的话，像铁锤一样撞击着巴雷尼的心扉，他"哇"的一声，扑到母亲怀里大哭起来。从那以后，母亲只要一有空，就帮巴雷尼练习走路，做体操，常常累得满头大汗。

有一次母亲得了重感冒，她想，做母亲的不仅要言传，还要身教。尽管发着高烧，她还是下床按计划帮助巴雷尼练习走路。黄豆般的汗水从母亲脸上淌下来，她用干毛巾擦擦，咬紧牙，硬是帮巴雷尼完成了当天的锻炼计划。

体育锻炼弥补了由于残疾给巴雷尼带来的不便。母亲的榜样作用，更是深深地教育了巴雷尼，他终于经受住了命运给他的严酷打击。他刻苦学习，学习成绩一直在班上名列前茅，最后，以优异的成绩考进了维也纳大学医学院。

大学毕业后，巴雷尼以全部精力，致力于耳科神经学的研究，最后，终于登上了诺贝尔生理学和医学奖的领奖台。

　　你自己不愿成功，谁拿你也没办法；你自己不行动，上帝也帮不了你。只有自己想成功，才有成功的可能。巴雷尼正是战胜了自我，最终取得了成功。

　　人生如戏，每个人都是主角，不必模仿谁，我是我，你是你。好好地活着，为自己活着，有梦想就大胆追求，失败也不要放弃。对青少年来说，真正的成功，不在于战胜别人，而在于战胜自己。

　　有句话说得好："不会战胜自己的人，是胆小的懦夫。"突破自我，需要勇气，需要顽强的生命活力。

　　朋友，无论你拥有的是健全的身躯还是残缺的臂膀，是优越的条件还是困窘的环境，大胆地拿出你的勇气、你的胆识，去克服困难，克服恐惧，克服失败带给你的消极情绪。

　　不管你是正在前行中，还是失意时，不要再彷徨，不要再犹豫，对现在的你来说，从失败中找出通向成功的途径，这才是最重要的。

　　朋友们，只要勇于战胜自己就等于打开了智慧的大门，开辟了成功的道路，铺垫了自己人生的旅途，铸成了一种面对任何烦恼和忧愁都不退却的良好心态。

　　战胜自己说起来容易，但是真正地做起来要比战胜别人难得多，因而战胜自己，就要有坚忍不拔的意志，要有根深蒂固的信念，要有在逆境中成长的信心，要有在风雨中磨炼的决心。

　　人的一生，总是在与自然环境、社会环境、家庭环境做着适应及战胜的努力，因此有人形容人生如战场，勇者胜而懦者败；人们从生到死的生命过程中，所遭遇的许多人、事、物，都是战斗的对象。人生的战场上，千军万马，在作战时能够万夫莫敌、屡战屡胜的将军也不见得能够战胜自己。

例如，拿破仑在全盛时期几乎统治半个地球，战败后被囚禁在一座小岛上，相当烦闷痛苦，他说："我可以战胜无数的敌人，却无法战胜自己的心。"可见能战胜自己，才是最懂得战争的上等战将。

要战胜自己很不简单，一般人得意时忘形，失意时自暴自弃；被人家看得起时觉得自己很成功，落魄时觉得没有人比他更倒霉。唯有不被成败得失所左右、不受生死存亡等有形无形的情况所影响，纵然身不自在，却能心得自在，才算战胜自己。

亲爱的朋友，请你一定要记住，在生命中勇于突破自我，战胜自己，不要放弃自己的梦想和追求，要努力向前！